水利工程施工与管理研究

弓桂林　成建强　凌俊军　著

哈尔滨出版社

HARBIN PUBLISHING HOUSE

图书在版编目（CIP）数据

水利工程施工与管理研究／弓桂林，成建强，凌俊
军著．— 哈尔滨：哈尔滨出版社，2023.7

ISBN 978-7-5484-7410-4

Ⅰ. ①水… Ⅱ. ①弓… ②成… ③凌… Ⅲ. ①水利工
程－工程施工－研究②水利工程管理－研究 Ⅳ. ①TV5
②TV6

中国国家版本馆 CIP 数据核字（2023）第 134381 号

书　　名：水利工程施工与管理研究
SHUILI GONGCHENG SHIGONG YU GUANLI YANJIU

作　　者：弓桂林　成建强　凌俊军　著
责任编辑：滕　达
装帧设计：钟晓图

出版发行：哈尔滨出版社（Harbin Publishing House）
社　　址：哈尔滨市香坊区泰山路 82-9 号　　邮编：150090
经　　销：全国新华书店
印　　刷：三河市嵩川印刷有限公司
网　　址：www. hrbcbs. com
E - mail：hrbcbs@ yeah. net

编辑版权热线：（0451）87900271　87900272

销售热线：（0451）87900202　87900203

开　　本：710 mm×1000 mm　　1/16　　印张：8.75　　字数：100 千字
版　　次：2023 年 7 月第 1 版
印　　次：2024 年 1 月第 1 次印刷
书　　号：ISBN 978-7-5484-7410-4
定　　价：68.00 元

目 录

第一章 绪 论

第一节 概 述

一、概述

我国是农业大国、水利大国。中华人民共和国成立以来，经过数十年的努力，水利工程初步形成了以堤防、河道整治、水库、蓄滞洪区等为主的防洪工程体系，以及预测预报、防汛调度、洪泛区管理、抢险救灾等非工程防护体系，使我国主要江河的防洪能力有了明显的提高，同时也大力促进了我国国民经济健康、有序、持续发展。

二、水利工程的基本概念

水利工程是指以除害兴利为目的，兴建的对自然界地表水和地下水进行控制和调配的工程。

按水利工程对水的作用可分为蓄水工程、排水工程、取水工程、输水工程、提水工程、水质净化和污水处理工程等。

按水利工程承担的任务主要分为防洪工程、农田水利工程、水力发电工程、供水和排水工程、航运工程、环境水利工程等。

三、水利工程管理

广义的水利工程管理是指以法律为基础，通过经济、技术手段保护并合理运用已建成的水利工程，使其充分发挥防汛抗旱、水资源优化配置、水生态保护等功能，为防洪、城乡居民生活用水、农业用水、工业用水提供可靠的保障。

狭义的水利工程管理是指管理人员对已建成的水利工程进行依法管理、检查监测、维护养护、合理调度运行，保证工程安全和工程正常运行，以充分发挥工程效益。

四、水利工程管理的意义及目的

对于水利工程而言，建设是基础，管理是关键，使用是核心，可以说"三分建、七分管"。工程管理的好坏直接影响效益的高低。如果管理不善，不但工程效益不能正常发挥，甚至还可能造成严重事故，带来不可估量的损失。

我国水利工程众多。如何有效地对水利工程进行全面、科学的管理，防患于未然，使其最大限度地发挥作用，对高地震区、高寒区、地质构造复杂地区（如喀斯特地貌区）的水利工程管理尤为重要。

对水利工程进行管理，主要目的在于：①通过对水工建筑物（构筑物）进行实时的全过程、全方位监控，掌握工程安全状态，服务于安全管理，充分发挥工程效益；②检验完善设计理论与方法；③保证水利工程安全度汛；④对水利工程建筑物（构筑物）进行经常性的养护维护，及时发现病患隐患，及时进行处理；⑤总结优化管理经验，提高管理水平，提高工程整体效益；⑥带动促进水利科学研究，促进水利新技术的发展。

五、水利工程管理的发展

我国比较规范有序地进行水利工程管理最早起源于唐代，唐代中央政府颁行的水利管理法规《水部式》，内容包括农田水利管理、航运船闸和桥梁渡口的管理与维修、渔业管理以及城市水道管理等内容。《水部式》还规定，灌区管理的好坏将作为有关官吏考核晋升的重要依据。

中华人民共和国成立后的 20 世纪 50 年代初期，国家除保留原有河道堤防、坝堰灌渠的管理机构以外，还在新建成的水库、闸坝枢纽工程交付使用时，分别建立了相应的管理机构。

1954 年开始，国家相关部门开始选择官厅水库和三河闸等工程，划分水库、水闸等级标准，制定管理规范，以便分级管理，印发全国参照制定各个工程的管理规范，并举办培训班，以提高管理工作水平。

1983 年，在全国水利会议上制定了"加强经营管理，讲究经济效益"的水利工作方针，坚决把水利工作转移到以提高经济效益为中心的轨道上来，要求对现有工程加强经营管理，进行技术改造，大力提高经济效益。

20 世纪 80 年代以后，工程维修加固开始试用水力振冲法加固沙土坝体和坝基，劈裂灌浆防渗加固均质土坝坝体，在沙砾石地基上试用高压定向喷射灌浆构筑防渗板墙等新工艺；在防汛和调度系统中，开始采用微波、短波通信和电子计算机；一些大型水利枢纽和水电站结合预报采用优化调度，工程较多的流域水系和梯级水电站开始实行联合优化调度；在多泥沙河流上的一些水库研究采用了"蓄清排浑"的调度方式，减少了库区淤积，延长了水库寿命。

"十三五"之初，水利部编制印发了《水利改革发展"十三五"规划》，提出了"全面依法治水，科技兴水"的指导思想，要求加强水利工程管理制度化、规范化和信息化建设，建立水利基础设施管理信息网络，健全水利工程管理标准规范体系；加强大坝安全监测、水情测报、通信预警和远程控制系统建设，提高水利工程管理信息化、自动化水平；大力推进安全生产标准化建设，完善水利安全生产应急预案体系。

"十四五"时期水利改革发展主要目标。到 2025 年，全国用水总量控制在 6700 亿立方米以内，万元国内生产总值用水量、万元工业增加值用水量较 2020 年下降 16%，农村规模化供水人口覆盖比例达到 55%；河湖生态环境明显改善，重点河湖生态流量保障目标满足程度达 90% 以上，重点地区水土流失得到有效治理，全国水土保持率提高到 73% 以上，全国地下水超采状况得到有效遏制等。

第二节　水利工程管理的任务及内容

一、水利工程管理的特点

水利工程管理工作具有以下特点：

（1）水利工程的各种蓄水、壅水、输水或泄水建筑物，必须具有足够的抗水压、耐冲刷、防渗漏、抗冻融等特殊性能，否则一旦遭受破坏，将会造成溃坝、决口、改道，给国民经济带来巨大损失，甚至造成毁灭性的灾害。因此在工程管理中，首先要保证安全。

（2）水利工程是调节、调配天然水资源的设施，而天然水资源来量在时空分布上极不均匀，具有随机性，影响效益的稳定性及连续性。水利工程在运行中，需要专门的水利调度技术、测报系统、指挥调度通信系统，以便根据自然条件的变化，灵活调度运用。

（3）许多水利工程是多目标开发综合利用的。一项工程往往兼有防洪、灌溉、发电、航运、工业、城市供水、水产养殖和改善环境等多方面的功能。各部门、各地区、上下游、左右岸之间对水的要求各不相同，彼此往往有利害冲突。因此在工程运行管理中，特别需要加强法治和建立有权威的指挥调度系统，才能较好地解决地区之间、部门之间出现的矛盾，发挥水利工程最大的综合效益。

（4）要依靠群众，分级管理。水利工程数量大、分布广，重要性和受益范围有很大差别，不能完全依靠国家设置专管机构进行管理，而是要实行分级管理和专业管理与群众管理相结合，特别是大量的小型水库和农田水利工程，应主要依靠群众组织进行管理。

二、水利工程管理的基本任务

水利工程管理包括行政管理和技术管理两大方面，其基本任务包括以下几点：

（1）保证水利工程安全运行，防止自然和人为的破坏。

（2）按照工程管理的各种法规和技术标准进行日常及特定的维护，保护工程完好和设备正常运行。

（3）运用工程手段实现防洪减灾、水资源合理调度和使用，满足国民经济和社会发展的需求，充分发挥工程应有的效益。

（4）进行技术革新和设备改造，努力改善管理条件，提高管理水平，提升工程的综合效益。

（5）保持水利工程环境的蓄水、过水、排水、调水能力，维护良好的工程水环境。

三、水利工程管理的工作内容

水利工程管理的工作主要有检查监测、养护修理和控制运用三个方面：

（一）检查监测

通过适当手段对完成建设的工程状态进行实时的监视量测工作。检查监测包括工程检查和工程监测两个方面。

（二）养护修理

为了保证工程既有的功能正常发挥作用，在工程运行过程中需要对工程设施进行必要的保养和对存在的缺陷进行修复处理。工程养护修理要按照"经常养护、随时维修、养重于修"的原则，以保持工程和设备完好。

1. 日常维修养护

根据经常性检查中发现的问题，随时进行保养维修和局部修补，保持工程完好、设备操作灵活。

2. 岁修及大修

每年汛后或在适当时间对工程进行年度检查，编制维修计划并对存在的问题进行处理，这种维修被称为岁修；工程发生较大损毁，需要进行专门的大范围的修复，被称为大修。

3. 抢修或抢险

当发生突发事故，工程可能遭到破坏或已经遭到破坏时，需要立即组织人力、物力并采取特殊方法和措施对其进行基本的修复，以防止事故发生或事故进一步扩大的工作。

（三）控制运用

控制运用就是在原规划设计的基础上，根据当前水工建筑物的工程情况、上下游防洪要求、用水要求以及上级的规定，在保证工程安全的前提下，为充分发挥工程效益，对其在除害兴利和综合利用水资源等方面进行合理安排与优化。

在工程管理逐渐发展中，应从重建轻管向建管并重转变，既重视技术管理又重视依法管理，既重视工程维修养护又重视整个工程生态体系建设，充分利用现代信息技术、现代病害检查技术、病害整治新材料新技术来加强管理，力求在保证工程安全的前提下最大化发挥工程效益，完成从传统水利工程管理向现代水利工程管理的转变。

四、我国水利工程管理的现状及基本对策

（一）法律宣传普及亟待加强

截至目前，国家虽然颁布了《中华人民共和国水法》《中华人民共和国防洪法》等不少法律法规，但由于多种因素的影响，很多人法律意识淡薄，各种违法违纪行为较多，再加上执法、监督等问题，导致对水

利工程管理有效性不高。因此，大力普及水法知识、实行责任终身制，在注重水行政执法的同时，加大民事及刑事执法力度、注重执法的一贯到底，提高法治的威慑力是很有必要的。

（二）管理体制不顺，管理机制不活

水利工程大部分为综合利用工程，既有公益性功能，又有一定的经营开发功能，但两者资产主体又合二为一，界限不清。政府、水行政主管部门、水管单位之间的管理关系不顺，权责不明。内部运行机制不活，缺乏有效的激励机制和约束机制，导致大多数水管单位难以有效、及时地对水利工程进行全方位管理。把握原则，明确权责，建立职能清晰、责权明确的水利工程管理体制，建立完善管理科学、经营规范的水管单位运行机制，建立专业化、市场化和社会化的水利工程维修养护体系，是当前亟须解决的问题。

（三）技术人才匮乏

很多水管单位内部机构设置不科学，非工程管理岗位较多，因人设事，因人设岗，效率低下，人浮于事。各地水管单位真正急需的工程技术人员又严重短缺，无法满足工程管理的基本需求。因此，需要建立健全用人机制和分配机制，精简机构，科学合理地设编定岗，按岗聘人，竞争上岗。单位领导通过竞选方式选聘，定期考核，实行优胜劣汰，做到人尽其才、人尽其用，逐步调整人员结构，不断提高职工的文化水平。这样有利于水利工程管理单位轻装上阵，提高职工素质和提高劳动生产率，提高水利工程管理的水平与效益。

（四）国家的政策、资金扶持力度需要进一步加大

水利工程特别是小型水利工程，只重建不重管或只建不管的现象突出。不少小型水利工程维修无经费，老化失修严重、病害问题突出；有的管理单位等、靠、要，对不少工程不管不维护；相当数量的工程没有专兼职管护人员。由于大多数水利工程以公益性为主、盈利能力很弱，不少承担防洪、排涝工作任务的，财政供给不足，导致管理单位"巧妇难为无米之炊"，得自己寻找资金来源，没有精力投入管理工作。因此，国家完善相关配套政策、落实相应资金，对水利工程的管理、更好地发挥其公益性能十分迫切和必要。

第二章　水利工程管理基础知识

第一节　管理学的基础理论

一、管理的定义

从广义上讲，管理是组织为了达到个人无法实现的目的，通过各项职能活动，合理分配、协调相关资源的过程。

管理的内涵包括其载体、本质、对象、职能活动和目的。管理的载体也就是组织，包括企事业单位、国家机关、政党、社会团体以及宗教组织等；管理的本质是合理分配和协调各种资源；管理的对象是相关资源，包括人力资源在内的一切可以调用的资源，如原材料、人员、资金、土地、设备和信息等；管理的职能活动包括信息、决策、计划、组织、领导、控制和创新；管理的目的则是为了实现既定的目标。

二、管理的职能

管理的职能包括决策与计划、组织、领导、控制、创新。这五种管理职能均有自己独特的表现形式。决策与计划职能表现为方案的产生和选择以及计划的制订；组织职能表现为组织结构的设计和人员的配备；

领导职能表现为领导者和被领导者的关系；控制职能表现为对偏差的认识和纠正；创新职能表现为组织提供的服务或产品的更新和完善以及其他管理职能的变革和改进。

三、管理的要素

管理的要素是指管理系统的构成因素，有时亦称管理系统的资源。

对于管理的要素，有不同的分类方法，最早人们普遍认为人、财、物是构成管理要素的三个基本要素，后来加上了时间和信息要素。

随着社会分工协作的发展，科技进步、日益激烈的竞争环境以及对管理系统研究的深化，一些重要的、无形的资源也列入了管理的要素。

所以，目前比较普遍的看法是把管理要素分为人员、资金、物、文化、技术、信息、时间、组织、环境、社会关系十大要素。

第二节　《中华人民共和国水法》

一、水法的概念

水法是国家调整水资源的开发、利用、节约、保护、管理水资源和防治水害过程中发生的各种社会关系的法律规范的总称。

水法是国家法律体系的重要组成部分，有广义和狭义之分。狭义的水法仅指第九届全国人民代表大会常务委员会第二十九次会议于 2002 年 8 月 29 日修订通过，自 2002 年 10 月 1 日起施行的《中华人民共和国水法》（以下简称《水法》，最新的《水法》是 2016 年 7 月修订的）。广义的水法又称水法规，是指规范水事活动的法律、法规、规章制度以及其他规范性文件的总称。如《中华人民共和国防洪法》《中华人民共和国水土保持法》《中华人民共和国河道管理条例》《取水许可办法》《水行政处罚实施办法》等。

二、《水法》的主要内容

《水法》是为了合理开发、利用、节约和保护水资源，防治水害，实现水资源的可持续利用，适应国民经济和社会发展的需要而制定的。

《水法》的主要内容如下：

（一）强调统一管理

首先规定了合理开发利用和保护水资源，防治水害的统一原则。明确规定本法所称水资源，是指地表水和地下水，使其作为一个整体统一管理。提出国家对水资源实行统一管理与分级管理、分部门管理相结合的制度。国务院水行政主管部门负责全国水资源统一管理工作。

（二）明确水资源的所有权

我国宪法规定水流属于国家所有，即全民所有。据此，《水法》规定，水资源属于国家所有，即全民所有；另外，还规定农业集体经济组织所有的水塘、水库的水属于集体所有，强调作为资源利用的水流的所有权是国家的，应由国家统一分配。

（三）讲求综合利用

《水法》规定，开发利用水资源应当全面规划、统筹兼顾、综合利用、讲求效益、发挥水的多种功能。指出应当兼顾地区之间的利益，统筹居民、工业、农业和航运的需要。要求兴建各类水工程，应兼顾其他行业利益，同时建设相应的补救设施，对地区、行业进行的水事活动都规定了综合利用的要求。这样既可以充分发挥水资源的综合效益，还可以防止或减少水事纠纷的发生。

（四）实行规划、计划制度

《水法》规定开发利用水资源和防治水害，应当按流域或者区域进行统一规划。指出综合规划应当与国土规划相协调，兼顾各地区、各行业的需要。规划的修改必须经过原批准机关核准。国家实行计划用水，厉行节约用水，根据水长期供求计划的制订和审批程序，国家以法律条款的形式明确了规划、计划的编制、审批地位和作用，以保障规划、计划的实施。

三、《水法》的特点

《水法》的专业性较强，是行政主体行使水管理职权的基本法律依据，一方面具有法律规范的一般特点，另一方面具有其专业自身的特点，即科学性、技术性和社会性等。

（一）科学性

水资源与人类生活和社会发展关系十分密切，而水资源在大气、地表和地下的存在形式、运行和变化规律不以人的意志为转移，是客观存在的。因此，在开发利用和保护水资源的过程中，必须尊重水资源的这种客观规律性，并在正确的水资源管理理论指导下，才能达到开发利用和保护水资源的目的。

（二）技术性

从《水法》的立法角度而言，水资源的存在、运行和变化规律是制定《水法》的前提、基础。《水法》规范必须反映这种客观规律，并将大量的水资源行业管理规范、技术操作规范与规程、各种技术标准与工艺等内容列入《水法》中。《水法》中的大多数基本原则、管理制度等都是从水资源的开发利用和保护研究成果以及技术规范中抽象、概括出来的，与其他的部门行政法规（如公安、交通等）相比，技术性更强一些。

（三）社会性

水资源既作为一种自然资源而存在，又是一种重要的环境要素，具有多种功能。水资源的这种多功能性决定了水资源在人类生活和社会发展中的重要地位。水资源危机已经严重影响了不同国家、地区的社会发展，日渐成为一个世界性问题。这是不同的社会制度的国家亟须解决的问题。对这一问题的不断解决，完全符合全社会、各民族以及全人类的共同利益，《水法》要体现水资源存在、运行和变化以及人类认识、利用和保护水资源过程中的经验与教训，并以这些内容去制约人类在迈向更高级的文明过程中与水资源开发利用和保护相关的人类活动，以达到维护人类生存对水资源的需求，实现人类社会可持续发展的目的。这正是法律社会职能的集中表现。

四、《水法》的基本原则

《水法》的基本原则如下：

（1）坚持国有制，保障水资源的合法开发和利用的原则。

（2）开发利用与保护相结合的原则。开发、利用水资源，应当坚持兴利与除害相结合，兼顾上下游、左右岸和有关地区之间的利益，充分发挥水资源的综合效益。

（3）坚持利用水资源与防治水害并重，全面规划、统筹兼顾、标本兼治、综合利用、讲求效益的原则。《水法》明确规定，开发、利用、节约、保护水资源和防治水害应当全面规划、统筹兼顾、标本兼治、综合利用、讲求效益，发挥水资源的多种功能，协调好生活、生产经营和生态环境用水。

（4）保护水资源，维护生态平衡的原则。在干旱和半干旱地区开发、利用水资源，应当充分考虑生态环境用水需要，防止对生态环境造成破坏。跨流域调水，应当进行全面规划和科学论证，统筹兼顾调出和调入流域的用水需要，防止对生态环境造成破坏。

（5）实行计划用水，厉行节约用水的原则。国家厉行节约用水，大力推行节水措施，推广节约用水新技术、新工艺，发展节水型工业、农业和服务业，建立节水型社会。各级人民政府应当采取措施，加强对节约用水的管理，建立节约用水技术开发推广体系，培育和发展节约用水产业。单位和个人都有节约用水的义务。

（6）国家对水资源实行流域管理与行政区域管理相结合的原则。《水法》第十二条规定：国家对水资源实行流域管理与行政管理相结合的管理体制。国务院水行政主管部门负责全国水资源的统一管理和监督工作。这一规定体现了按照资源管理与开发利用管理分开的原则，建立流域管理与区域管理相结合，统一管理与分级管理相结合的水资源管理体制。流域管理机构在所管辖的范围内行使法律、行政法规规定的和国务院水行政主管部门授予的水资源管理的监督职责。

第三节　水资源、水域和水利工程的保护

一、水资源保护

（一）水资源保护的概念

水资源保护是指为了满足水资源可持续利用的要求，采取经济的、法律的、技术的手段，合理安排水资源的开发利用，并对影响水资源的客观规律和各种行为进行干预，保证水资源发挥自然资源功能和商品经济功能的活动。水资源保护的根本目的是实现水资源的可持续利用。

（二）水资源保护的内容

水资源保护的内容主要包括地表水和地下水的水量与水质的保护。

1. 水量保护

要求开发、利用水资源应当全面规划、统筹兼顾、标本兼治、讲求效益，发挥水资源的多种功能，协调好生活、生产经营和生态环境用水，注意避免水资源枯竭，生态环境恶化。因此，《水法》规定，县级以上人民政府水行政主管部门、流域管理机构以及其他有关部门在制定水资

源开发、利用规划和调度水资源时，应当注意维持江河的合理流量和湖泊、水库以及地下水的合理水位，维护水体的自然净化能力。

2. 水质保护

要求从水域纳污能力的角度对污染物的排放浓度和总量进行控制，以维持水质的良好状态。因此，《水法》规定了水功能区划制度、水污染物问题控制制度、入河排污口的监督制度等。

二、水域的保护

水域是指海洋、河流、湖泊等（从水面到水底）的一定范围。

水域的保护范围包括风景名胜区、自然保护区内的水域，城市规划区内维护生态功能的主要水域，饮用水水源保护区的水域，蓄滞洪区内的水域，省级河道，行洪排涝骨干河道，10万立方米以上的水库，50万立方米以上的湖泊，以及法律法规规定的其他重要水域。《水法》规定的水域保护内容主要有：

（1）禁止在江河、湖泊、水库、运河、渠道内弃置、堆放阻碍行洪的物体和种植阻碍行洪的林木及高秆作物。

（2）禁止在河道管理范围内建设妨碍行洪的建筑物、构筑物以及从事影响河势稳定、危害河岸堤防安全和其他妨碍河道行洪的活动。

（3）在河道管理范围内建设桥梁、码头和其他拦河、跨河、临河建筑物、构筑物，铺设跨河管道、电缆，应当符合国家规定的防洪标准和其他有关的技术要求，工程建设方案应当依照《中华人民共和国防洪法》（以下简称《防洪法》）的有关规定报经有关水行政主管部门审查同意。因建设前款工程设施，需要扩建、改建、拆除或者损坏原有水工程设施的，建设单位应当承担扩建、改建的费用和损失补偿。但是，原有工程设施属于违法工程的除外。

（4）国家实行河道采砂许可制度。河道采砂许可制度实施办法由国务院规定。在河道管理范围内采砂，影响河势稳定或者危及堤防安全的，有关县级以上人民政府水行政主管部门应当划定禁采区和规定禁采期，并予以公告。

（5）禁止围湖造地。已经围垦的，应当按照国家规定的防洪标准有计划地退地还湖。禁止围垦河道。确需围垦的，应当经过科学论证，经省、自治区、直辖市人民政府水行政主管部门或者国务院水行政主管部门同意后，报本级人民政府批准。

（6）单位和个人有保护水工程的义务，不得侵占、毁坏堤防、护岸和防汛、水文监测、水文地质监测等工程设施。

三、地下水资源的保护

《水法》从科学评价和统一规划、地下水与地表水统一调度、划定限采区或禁采区以及法律责任四个方面提出了明确的法律要求，规定如下：

（1）在地下水超采地区，县级以上地方人民政府应当采取措施，严格控制开采地下水。

（2）在地下水严重超采地区，经省、自治区、直辖市人民政府批准，可以划定地下水禁止开采或者限制开采区。

（3）在沿海地区开采地下水，应当经过科学论证，并采取措施，防止地面沉降和海水入侵。

（4）因违反规划造成江河和湖泊水域使用功能降低、地下水超采、地面沉降、水体污染的，应当承担治理责任。

四、水利工程的保护

水利工程是开发、利用、节约和保护水资源的物质基础，是国民经济和社会发展的基础设施，在国民经济发展和社会进步中做出了巨大的贡献，发挥了巨大的效益。《水法》针对水利工程及其设施的保护主要有以下四个方面：

（一）水利工程安全保障制度

单位和个人有保护水利工程的义务，不得侵占、毁坏堤防、护岸、防汛、水文监测、水文地质监测等工程设施。

（二）水利工程管理和保护范围划定制度

县级以上地方人民政府应当采取措施，保障本行政区域内水利工程，特别是水坝和堤防的安全，限期消除险情。水行政主管部门应当加强对水工程安全的监督管理。在水利工程保护范围内，禁止从事影响水利工程运行和危害水利工程安全的爆破、打井、采石、取土等活动。

（三）国家对水利工程实施保护

国家所有的水利工程应当按照国务院的规定划定工程管理和保护范围。国务院水行政主管部门或者流域管理机构管理的水利工程，由主管部门或者流域管理机构有关省、自治区、直辖市人民政府划定工程管理和保护范围。其他水利工程应当按照省、自治区、直辖市人民政府的规定，划定工程保护范围和保护职责。

（四）规定水利工程设施补偿制度

在河道管理范围内建设桥梁、码头和其他拦河、跨河、临河建筑物、构筑物，铺设跨河管道、电缆，需要扩建、改建、拆除或者损坏原有水工程设施的，建设单位应当承担扩建、改建的费用和损失补偿。但是，原有工程设施属于违法工程的除外。

第四节　水利工程管理法规及条例

水利工程管理法规及条例是国家机关颁布的关于水利工程管理方面的各种条例、通则、办法、决定和标准等，它是水利工程管理的行为规范。

一、制定水利工程管理法规的目的

制定水利工程管理法规的目的在于加强工程管理，保护工程安全，保障工程效益，调整人们（包括组织）在生产、生活及其他活动中所产生的与保护和运用水利工程有关的各种社会关系，使工程更好地为工农业生产和城乡居民生活服务，促进社会主义经济发展。

二、水利工程管理法规的发展

由于水利与社会生产及人们的生活关系密切，历史上各国都很重视水利立法。在国外，一些资本主义国家从19世纪中叶起陆续进行水利立法，一般都是在水法中列有工程管理的条文。有的国家还制定了分类工程的管理法规，如英国 1930 年的《水库法》，日本 1972 年修订的《河川法》，等等。在国内，中国西周时期就颁布了《伐崇令》，其中规定不准填水井，违令者斩。中华人民共和国成立以后，水利建设发展很快，建成了大量的水利工程。水利工程的管理及运用是水利事业的重要组成部分。制定水利工程的管理法规是客观的需要。1961 年中国颁发的《关于加强水利管理工作的十条意见》，为以后制定各项水利工程管理法规奠定了基础。1963 年、1964 年，水利电力部颁发了《水库工程管理通则（试行）》《闸坝工程管理通则（试行）》和《堤防工程管理通则（试行）》。1965 年，水利电力部制定了《水利工程水费征收使用和管理试行办法》在全国试行。1979 年，国务院颁发《关于保护水库安全和水产资源的通令》。1981 年，水利部又对水库、闸坝、堤防三个工程管理通则进行补充、修改，颁发了新的通则，取代了旧通则，并且相继颁发了一些新的决定、办法和规程。

三、我国现行的水利工程管理法规与条例

随着社会的发展与水利工程管理制度的不断完善，我国形成了相对完整的水利工程管理法规体系，既有全国性法规，又有地方性的规定。现行的全国性管理法规和条例主要有以下几种。

（一）《水库工程管理设计规范》

由水利部颁布，于 2017 年 05 月 28 日起施行，是水库工程管理工作的一般性规定，适用于大型和中型水库工程。该通则共 7 章，各章题目

依次为总则、管理机构、工程管理范围与保护范围、工程管理设施、工程管理自动化、工程运用管理、施工期工程管理。

（二）《水闸施工规范》

由水利部颁布，于 2015 年 02 月 21 日起施行，是水闸工程管理工作的一般性规定，适用于大型和中型水闸。该通则共 15 章 3 个附录，各章题目依次为施工测量，施工导流，土石方开挖和填筑，地基处理，混凝土和钢筋混凝土，混凝土预制构件，砌体，防渗、导渗及永久缝，闸门安装，启闭机安装，电气及自动化设备安装，监测设施和施工期监测，混凝土结构加固等。

（三）《河道管理范围内建设项目防洪评价报告编制导则》

由水利部颁布，于 2021 年 11 月 6 日起施行，为加强河道管理范围内建设项目的管理，保障江河防洪安全，规范河道管理范围内建设项目防洪评价报告编制，依据有关法律法规，制定本标准。本标准适用于河道（包括湖泊、水库、人工水道）管理范围内新建、改建、扩建的建设项目防洪评价报告编制。根据水利技术标准制修订计划安排，按照 SL 1-2014 <<水利技术标准编写规定》的要求，编制本标准。本标准共 9 章和 2 个附录，主要技术内容有总则、概述、基本情况、河道演变、防洪评价分析与计算、防洪综合评价、消除和减轻影响措施、结论与建议、附图及要求。

（四）《大型灌区技术改造规程》

由水利部颁布，于 2008 年 07 月 21 日起施行，是灌区管理工作的一般性规定，适用于国家管理的灌区（包括引水、蓄水、提水等灌区）。

本标准以节水增效为中心，突出大型灌区续建配套与节水改造的特点，内容覆盖了规划、设计、施工、验收、管理、评价等各个方面，共13章41节213条和4个附录。主要技术内容有基本要求、现状分析与评价、改造标准、水资源供需平衡分析、总体布局、改造措施、施工与验收、灌区管理、经济评价、环境影响评价、项目建设后评价。

（五）《水利水电工程施工组织设计规范》

由水利部颁布，于2017年12月08日起施行，本标准修订时合并了SL484—2010《水利水电工程施工机械设备选择设计导则》、SL487—2010《水利水电工程施工总布置设计规范》、SL535—2011《水利水电工程施工压缩空气及供水供电系统设计规范》、SL643—2013《水利水电工程施工总进度设计规范》、SL667—2014《水利水电工程施工交通设计规范》相关内容。本标准共9章和9个附录，主要技术内容有施工导流、料源选择与料场开采、主体工程施工、施工交通运输、施工工厂设施、施工总布置、施工总进度、施工劳动力及主要技术供应等。

（六）《水利工程质量检测技术规程》

由水利电力部2016年09月07日颁布，为加强水利工程质量检测管理，规范检测行为，保证检测工作质量，使检测工作标准化、规范化，制定本标准。本标准共9章和7个附录，主要技术内容有总则、术语、基本规定、地基处理与支护工程、土石方工程、混凝土工程、金属结构、机械电气、水工建筑物尺寸。

（七）《中华人民共和国河道管理条例》（以下简称《条例》）

于1988年6月10日中华人民共和国国务院令第3号发布，根据

2011 年 1 月 8 日《国务院关于废止和修改部分行政法规的决定》第一次修正，根据 2017 年 3 月 1 日《国务院关于修改和废止部分行政法规的决定》第二次修正，根据 2017 年 10 月 7 日《国务院关于修改部分行政法规的决定》第三次修正，根据 2018 年 3 月 19 日《国务院关于修改和废止部分行政法规的决定》第四次修正。

第三章　水库的运行与管理

第一节　水库管理概述

一、水库的类型及作用

在山谷、河道或低洼地区用挡水或泄水等水工建筑物形成的具有一定容积的人工水域，称为水库。水库具有调节径流、集中落差、调整上游回水区内水面比降的作用，可用于防洪、城镇供水、灌溉、水力发电、航运、养殖、旅游和改善环境等。水库包括三大基本建筑物：挡水建筑物、放水（供水）建筑物、泄洪建筑物。

世界比较著名的水库有印度的斯里赛拉姆水库和巴西、巴拉圭共建的伊泰普水库等。我国比较著名的水库有三峡水库、小浪底水库、丹江口水库（南水北调中线工程水源地）、千岛湖水库、紫坪铺水库等。

（一）水库的类型

水库一般根据其总库容的大小划分为大、中、小型水库。为便于与水利水电工程等级（五等，主要建筑物五级）划分及建筑物级别划分相对应，又将其中的大型水库和小型水库各自分为两级，即大（1）型、大（2）型，小（1）型、小（2）型。因此，水库按其规模大小分为五等，见表 3-1。

表 3-1　　水库的分等指标　　　　　　　　单位：亿 m³

水库等级	I	II	III	IV	V
水库规模	大（1）型	大（2）型	中型	小（1）型	小（2）型
水库的总库容	≥10	10~1	1~0.1	0.1~0.01	0.01~0.001

根据水库的作用分为综合利用水库和单目标应用水库。当具有多种作用时即为多目标水库，又称为综合利用水库，只具有一种作用或用途的即为单目标水库。我国的水库一般都属于多目标水库。

根据水库对径流的调节能力，水库可分为日调节水库、周调节水库、季调节水库（或年调节水库）、多年调节水库。

根据水库在河流上所处位置的地形情况，水库可分为平原区水库、丘陵区水库、山谷区水库三类。

此外，水库还有地上水库和地下水库之分，地下水库实际应用很少。

（二）水库的作用

水库是我国广泛采用的防洪工程措施之一。在防洪区上游河道适当位置兴建能调蓄洪水的综合利用水库，利用水库库容拦蓄洪水，实现水库对洪水的滞洪、蓄洪调节，通过水库的蓄洪、滞洪作用，在洪水期，可以有效地控制或防止洪水灾害发生。

我国河流水资源受气候的影响，存在着时空分布极不均衡的严重问题。通过水库进行径流调节，蓄洪补枯，使天然来水能在时间上和空间上较好地满足用水部门的要求，提高水资源利用率及利用效率，以更好地满足防洪、供水、航运、旅游等要求，充分利用水资源发挥效益的作用。

二、水库与库区环境的关系

水库既能给国民经济各方面带来许多综合效益，也会对周围环境产生一定的影响，如造成淹没、浸没、库区坍岸、气候和生态环境的变化等。

水库是人工湖泊，它需要一定的空间来储存水量和滞蓄洪水，因此将会淹没大片土地、设施和自然资源，如淹没农田、城镇、工厂、矿山、森林、建筑物、交通和通信线路、文物古迹、风景旅游区和自然保护区等。

水库建成蓄水后，周围地区的地下水将会随之抬高，在一定的地质条件下，可能会使这些地区被浸没，发生土地沼泽化，农田盐碱化，还可能引起建筑物地基沉陷、房屋倒塌、水质恶化等问题。

河道上建成水库后，进入水库的河水流速减小，水中挟带的泥沙便在水库中淤积，占据了一定的库容，影响水库的效益，缩短了水库的使用年限。

通过水库下泄的清水，使下游水的含沙量减少，引起河床的冲刷，从而危及下游堤防、码头、护岸工程的安全，并使河道水位下降，影响下游的引水和灌溉。

随着水库的蓄水，水库两侧的库岸在水的浸泡下岩土的物理力学性质发生变化，抗剪强度减小，或者是在风浪和冰凌的冲击和淘刷下，致使库岸丧失稳定性，产生坍塌、滑坡和库岸再造。

修建水库蓄水以后，特别是大型水库，形成人工湖泊，扩大了水面面积，也将会影响库区的气温、湿度、降雨、风速和风向。

修建水库蓄水以后，原有的自然生态平衡被打破，水温升高，对一些水生生物和鱼类的生存反而可能有利，却隔断了洄游类鱼类的洄游路径，对其繁殖不利。

水库能为人们提供优质的生活用水和美丽的生活环境，但水库的浅水区杂草丛生，是疟蚊的潜生地。周围的沼泽地也是血吸虫中间寄主丁螺繁殖的良好环境。

修建水库后，由于水库中水体的作用，在一定的地质条件下还可能产生水库诱发地震的情况。

三、水库库区管理存在的主要问题

我国水库建设数量众多，水库覆盖区域广泛。水库管理人员缺乏责任感，管理体系混乱，权责不明晰是库区管理存在的主要问题。这些问题的出现将制约水库功能的发挥，影响水库防洪蓄洪的效果。

（一）库区监管设备不健全，缺乏有效的监管

水库的安全性要依靠专业部门的监管和修缮来保证，但我国大量水库设施的更新无法跟上现代设备开发和使用的步伐，对于防洪预警的设施尤其缺乏监管和更新。在水库库区建设过程中，大量中小型水库建设属于虎头蛇尾，后期的配套设施建设不能到位或不能完善，为后期的监控管理留下隐患。

（二）水库环境遭到严重破坏，法律体系不完善

水库库区周边经常会分散着一些村落或人口居住区域，第一，部分人对水库周边土地过度耕种或放牧造成水库环境被污染和破坏；第二，由于城区和道路的分布使得污水和垃圾的排放量大幅增加，使得水库库区环境污染加重；第三，水库管理单位和政府相关部门对水库库区环境监管方面权责划分不明，库区的经营、承包状况混乱；第四，水库库区管理方面的法律和规定也严重缺失，或者不具有实际借鉴意义，导致水库管理问题凸显，亟待改善。

（三）管理人员综合素质偏低

水库库区的管理工作通常重复、单调，加之自然环境的闭塞和恶劣，工作的环境比较简陋，生活缺少乐趣，所以导致水库的管理力量以及技术严重缺乏，缺少专业的水利技术人员。整体表现为技术水平较低，队伍管理不够规范，管理人员的文化素质较低，对业务工作不够熟练，对于全新的技术和方法很难掌握，等等，无法满足现代水库管理的要求。

（四）水库管理体系不健全

由于水库涉及的区域比较广阔，因此在管理权责方面很难做到精确划分。在实际管理中，经常会出现一个水库多部门管理的情况或者水库无管理的情况。对于前一种情况，管理过程涉及多部门共同插手的问题，容易发生权责混乱重复的现象，一旦发生管理问题，往往导致部门间责任的相互推诿，最终很难追责；后一种情况则直接导致水库管理的缺失，情况更为严重。另外，政府管理部门和水库管理企业之间的管理权责问题也存在界限不明确的情况，经常会产生利益纠纷或责任不明的情况，

降低水库库区的管理效能。

四、水库管理的任务与工作内容

水库管理是指以法律法规为依据，本着"预防为主、防重于修、修重于抢、防修并重"的原则，利用行政技术手段、经济措施等，合理组织水库的运行、维护、维修和经营，以保证水库安全和充分发挥效益的工作。

（一）水库管理的主要任务

水库管理的主要任务包括：①保证水库安全运行、防止溃坝；②充分发挥水库规划设计中规定的防洪、灌溉、供水、发电、航运以及发展水产改善环境等各种效益；③对工程进行维修养护，防止和延缓工程老化、库区淤积、自然和人为破坏，延长水库使用年限；④不断提高管理水平。

（二）水库管理的工作内容

水库管理工作可分为控制运用、工程设施管理和经营管理等方面。其中经营管理与本部分内容无关，因此在这里不予讨论。

1. 水库控制运用

又称水库调度，是合理运用现有水库工程改变江河天然径流在时间和空间上的分布状况及水位的高低，以满足防汛抗旱，适应生活、生产和改善环境的需要，达到除害兴利、综合利用水资源的目的，是水库管理的主要工作内容。具体内容包括：①掌握各种建筑物和设备的技术状况，了解水库实际蓄泄能力和供水能力；②收集水文气象资料的情报、预报以及防汛部门和各用户的要求；③编制水库调度方案，确定调度原则和调度方式，绘制水库调度图；④编制防汛应急预案；⑤编制和审批水库年度调度计划，确定分期运用指标和供水指标，作为年度水库调节的依据；⑥确定每个时段（月、旬或周）的调度计划，发布和执行水库实时调度指令；⑦在改变泄量前，通知有关单位并发出警报；⑧随时了解调度过程中的问题和用水户的意见，用以调整调度工作；⑨收集、整理、分析有关调度的原始资料，作为优化现行及以后方案的依据。

2. 工程设施管理

水库工程设施包括水文站网、水库大坝监测监控设施、交通通信设施、水质监测设施、防汛抢险设施、生产生活设施等。工程设施管理包括：①建立检查观测制度，进行定期或不定期的工程检查和原型观测，并及时整编分析资料，掌握工程的工作状态；②建立养护修理制度，进行日常养护修理；③按照年度计划进行工程岁修、大修和设备更新改造；④出现险情及时组织抢护；⑤依照政策、法令保护工程设施和所管辖的水域，防止人为破坏工程和降低水库蓄泄能力；⑥进行水质监测，防治水污染；⑦建立水库技术档案；⑧建立防洪预报、预警方案。

第二节　水库库区的防护

水库库区防护是主要以消除和减轻因水库蓄水形成的库区淹没、浸没、坍岸、人为破坏等隐患而采用的工程措施，该工程措施也称水库区的防护工程。库区常用的防护措施一般有修建防护堤、防洪墙、抽排水站、排水沟渠、减压沟井、防浪墙（堤）、副坝、护岸、护坡加固等工程措施，以及针对库岸水环境的保护所采取的水体水质保护，水土流失治理等。本节就水库运用管理中通常涉及的工程措施及水库水环境保护等问题进行讨论。

一、工程措施

（一）防护工程主要措施

防护工程主要措施包括：①筑防护堤或防洪墙；②排除地表和土壤中的水，控制地下水位；③挖高填低；④岸边坡的改善和加固；⑤其他工程措施等。

（二）常见的防护工程

常见的防护工程主要用于保护现有的实物对象，如房屋、居民点、土地、交通线路、小工厂企业、文物及其他有价值的国民经济对象等。这类工程除需修建防护堤外，还要有防浸、排涝措施，是水库区防护工程中使用最广泛的一种工程。

（三）防浸排涝措施

最好是堤渠结合，堤后是渠道，通过泵站或排水闸将渍水排出，还可利用渠道做下游灌溉和养鱼之用。关于控制地下水位和改善作物生长条件，其措施是挖高填低，截流排水，设立泵站是很重要的。

（四）防止水库漏水

防护区内还要注意防止水库漏水，影响库外环境恶化，主要通过检查库内防护区的土壤和其他部位是否有导致漏水的可能性和库岸低凹口和水下漏洞导致渗向库外的可能和隐患。

综上所述，防护工程有很多设施，必须按其用途和严重程度进行全面科学考虑，以最大限度地利用水和土地资源为根本出发点，来协调处理存在的问题。为了正确、因地制宜地选择和修建库区与其他水利的防护工程设施，必须进行必要和翔实的调查研究工作。防护工程建成后，首要的是管，落实管理人员编制，必须制定管理细节，只有管理到位，工程才能发挥效益，才能达到防护目的。

二、水库的水环境保护

（一）对水库的水环境保护的认识

水库的水环境保护是现代经济社会赋予水库管理工作的一项全新内容，是现代水库管理的基本要求，是工程效益形成的基础保障，自然也是水利工程管理中一项不可忽视的重要工作。

水库水资源是指水库中蓄存的可满足水库兴利目标，即满足设计用途所需的所有水资源。水库水资源的兴利能力不仅取决于水库的建设任务和规模、水库所在河川径流在时间与空间分布上水量的变化，而且取决于水质状况。然而，水库水资源却承受着库区工农业生产及旅游等产业带来的污染和水土流失引发的淤积的威胁，并且这些威胁日趋加重，这类危害若继续并扩大，水库将会面临功能丧失的危机。因此，为维护水库的安全，水库管理者应超脱狭隘的管理范围，"走上库岸"，加强防治污染和水土保持工作，做好库岸的水环境管理。

水库水环境的管理具有一定的广泛性、综合性和复杂性，应运用行政、法律、经济、教育和科学技术等手段对水环境进行强化管理。

(二) 水库污染防治

1. 水库污染及其种类

水库水污染是指水体因某种物质的介入而导致其化学、物理、生物或者放射性等方面特性的改变，从而影响水的有效利用，危害人体健康或者破坏生态环境，造成水质恶化的现象。

水污染通常有以下几种类型：

(1) 有机污染。有机污染又称需氧性污染，主要指由城市污水、食品工业和造纸工业等排放含有大量有机物的废水所造成的污染。

(2) 无机污染。无机污染又称酸碱盐污染，主要来自矿厂、黏胶纤维、钢铁厂、染料工业、炼油、制革等废水。

(3) 有毒物质污染。有毒物质污染为重金属污染和有机毒物污染。

(4) 病原微生物污染。病原微生物污染主要来自生活、畜禽饲养、医院以及屠宰肉类加工等污水。

(5) 富营养化污染。生活污水和一些工业排出的废水中含有的氮、磷等营养物质，农业生产过程中大量的氮肥、磷肥随雨水流入河流、湖泊。

(6) 其他水体污染。主要包括水体油污染和水体热污染、放射性污染等。

水是否被污染，发生哪几种污染，污染到什么程度，都是通过相应的污染分析指标判定衡量的。水污染正常分析指标包括：①臭味；②混浊度；③水温；④电导率；⑤溶解性固体；⑥悬浮性固体；⑦总氧；⑧总有机碳；⑨溶解氧；⑩生物化学需氧量等。这些指标是管理中进行检查分析工作的重要依据。

2. 水库污染危害的防治

水库中水体受到污染会产生一定的危害：一是对人体健康产生的危害，二是对农业造成的危害。

水库的水环境污染防治应将工程措施和非工程措施相结合。

（1）工程措施。包括三个方面：①流域污染源治理工程，主要是对工业"三废"、城镇生活污水、乡村家禽家畜粪便等进行处理；②流域水环境整治与水质净化工程，主要是对河道淤泥和垃圾进行清理，对上游河道进行生态修复，利用生物措施对水质进行净化；③流域水土保持与生态建设工程，主要是对一些废弃的矿区和采石场等进行修复处理，利用退耕还林等措施恢复植被，提高水源涵养能力。

（2）非工程措施。就是让各种有害物质和使水环境恶化的一切行为远离库区。根据我国水库现状可采取以下手段：①法律手段，可依据国家有关水环境法律法规制定库区环境管理条例，通过法律强制措施对库区的不法行为进行制止；②经济手段，通过奖惩办法对积极采取防治库区污染措施的企业予以奖励，对污染严重的企业予以惩罚；③宣传教育手段，采取多种形式在库区进行宣传教育，提高库区群众的防治意识，并发挥社会公众监督作用；④科技手段，应用科学技术知识，加强库区农业生产的指导工作，改善产业结构，减少和避免对环境有害的生产方式。科学地制定水资源的检测、评价标准，推广先进的生产技术和管理技术，制订综合防治规划，使环境建设和防治工作常抓不懈。

（三）水库水土保持

1. 水土保持及其作用

水库水土保持是一项综合治理性质的生态环境建设工程，是指在水库水土流失区，为防止水土流失、保护改良与合理利用水土资源而进行的一系列工作。

水土保持工作以保水土为中心，以水蚀为主要防治对象，必然对水库水资源生态环境产生更为全面、显著的作用和影响。主要体现在以下几个方面：①增加蓄水能力，提高降水资源的有效利用；②削减洪水，增加枯水期流量，提高河川水资源的有效利用率；③控制土壤流失，减少河流泥沙；④改善水环境，促进区域社会经济可持续发展。

2. 水土保持的措施

水土流失的主要原因有水力侵蚀、重力侵蚀、风力侵蚀三种形式。

水力侵蚀概括地说，是地表水对地面土壤的侵蚀和搬移。重力侵蚀是斜坡上的土体因地下水渗透力或因雨后土壤饱和引起抗剪强度减小，或因地震等原因使土体因重力失去平衡而产生位移或块体运动并堆积在坡麓的土壤侵蚀现象，主要形态有崩塌、滑坡、泄流等。风力侵蚀是由风力磨损、吹扬作用，使地表物质发生搬运及沉积现象，其表现有滚动、跃移和悬浮三种方式。

水土流失对水库水资源有极大的影响，包括：①加剧洪涝灾害；②降低水源涵养能力；③造成水库淤积，降低综合能力；④制约地方经济发展。

搞好水土保持应采取三个主要方面的措施：

（1）水土保持的工程措施。在合适的地方修筑梯田、生态护坡等坡面工程，合理配置蓄水、引水和提水工程，主要作用是改变小地形，蓄水保土，建设旱涝保收、稳定高产的基本农田。

（2）水土保持的林草措施。在荒山、荒坡、荒沟、沙荒地、荒滩和退耕的陡坡农地上，采取造林、种草或封山育草的办法增加地面植被，保护土壤免受暴雨侵蚀冲刷。

（3）水土保持的农业措施。通过采取合理的耕作措施，在提高农业产量的同时达到保水保土的目的。

第三节　库岸失稳的防治

水库蓄水之后，由于库区水位太高及波动，常常给库岸带来一系列的危害，如库岸淹没、浸没、坍塌等问题。因此，在水库运行管理中应经常对库岸进行监控检查，及时发现问题并进行治理，采取有效的防护措施减少和避免危害的发生。水库蓄水后，库岸在自重和水的作用下常常会发生失稳，形成崩塌或滑坡。影响库岸稳定的因素很多，如库岸的坡度和高度，库岸线的形状，库岸的地质构造，水流的淘刷，水的浸湿和渗透作用，水位的变化，风浪作用，冻融作用，浮冰的撞击，地震作用以及人为的开挖、爆破等作用，均会造成库岸的失稳。本节就水库运用管理中通常涉及的库岸失稳的防治问题进行讨论。

一、岩质库岸失稳的防治

岩质库岸的失稳形态一般有崩塌、滑坡和蠕动三种类型。崩塌是指岸坡下部的外层岩体因其结构遭受破坏后脱落，使库岸的上部岩体失去支撑，在重力或其他因素作用下而坠落的现象。滑坡是指库岸岩体在重力或其他力的作用下，沿一个或一组软弱面或软弱带做整体滑动的现象。蠕动现象可分为两种：对于脆性岩层是指在重力或卸荷力的作用下沿已有的滑动面或绕某一点做长期而缓慢的滑动或转动；对于塑性岩层（如夹层）是指岩层或岩块在荷载作用下沿滑动面或层面做长期而缓慢的塑性变形或流动。

最常见的岸坡失稳形态是滑坡，防治滑坡的方法有削坡、防漏排水、支护、改变土体性质、采用抗滑桩和锚固等措施。

（一）削坡

当滑坡体范围较小时，可将不稳定岩体挖除；如果滑坡体范围较大，则可将滑坡体顶部挖除，并将开挖的石渣堆放在滑坡体下部及坡脚处，以增加其稳定性。

（二）防漏排水

防漏排水是岸坡整治的一项有效措施，广泛运用于工程实践中。其具体措施为：在环绕滑坡体的四周设置水平和垂直排水管网，并在滑坡体边界的上方开挖排水沟，拦截沿岸坡流向滑坡体的地表水和地下水；对滑坡体表面进行勾缝、水泥喷浆或种植草皮，阻止地表水渗入滑坡体内。

（三）支护

支护措施通常有挡墙支护和支撑支护两种。当滑坡体是松散土层或裂隙发育的岩层时，可在坡脚处修建浆砌石、混凝土或钢筋混凝土的挡墙进行支护；如果滑坡体是整体性较好的不稳定岩层，也可采用钢筋混凝土框架进行支护。

（四）抗滑桩

当滑坡体具有明确的滑动面时，可沿滑动方向用钻机或人工开挖的方法造孔，在孔内设钢管，管中灌注混凝土，或者用普通钢筋混凝土，形成一排抗滑桩，利用桩体的强度增加滑坡面的抗剪强度，达到增强稳定性的目的。抗滑桩的截面有方形和圆形两种，钻孔桩直径一般为 $0.3\sim0.5m$，挖孔桩直径一般为 $1.5\sim2.0m$，桩长可达 20m。当滑坡面上下岩体完整时，也可采用平洞开挖的方法沿滑坡面设置混凝土抗滑短桩或抗滑键槽，以增强滑坡体的稳定性，也可以取得良好的效果。

（五）锚固

利用钻机钻孔穿过滑坡体岩层，直达下部稳定岩体一定深度，然后在孔中埋设预应力钢索或锚杆，以加强滑坡体的稳定。在许多情况下，滑坡的防治需要同时采取上述几种措施进行综合整治。

二、非岩质库岸失稳的防治

防治非岩质库岸破坏和失稳的措施有护坡、护脚、护岸墙和防浪墙等。对于受主流顶冲淘刷而引起的塌岸，常采用抛石护岸；如水下部分冲刷强烈，则可采用石笼或柳石枕护脚；对于受风浪淘刷而引起的塌岸，可采用干砌石、浆砌石、混凝土、水泥等材料进行护坡；当库岸较高，上部受风浪冲刷，下部受主流顶冲，则可做成阶梯式的防护结构，上部采用护坡，下部采用抛石、石笼固脚。

对于水库水位变化较大，风浪冲刷强烈的库岸，可采用护岸墙的防护方式；对于库岸较陡、在水的浸蚀和风浪作用下有塌岸的危险，则可采用削坡的方法进行防护；当库岸较高时，也可采取上部削坡，下部回填，然后进行护坡的防护方法。

抛石护岸具有一定的抗冲能力，能适应地基的变形，适用于有石料来源和运输的情况，石料一般宜采用质地坚硬、粒径不小于 20~40cm、重量为 30~120kg 的石块，抛石厚约为石块粒径的 4 倍，一般为 0.8~1.2m。抛石护坡表面的坡度，对于水流顶冲不严重的情况，一般不陡于 1:1.5；对于水流顶冲严重的情况，一般不陡于 1:0.8。

干砌块石护岸是常采用的一种护岸形式，其顶部应高于水库的最高水位，底部应深入水库最低水位以下，并能保护护岸不受主流顶冲。干砌块石的厚度一般为 0.3~0.6m，下面铺设 15~20cm 的碎砾石垫层。

石笼石护岸是用铅丝、竹篾、荆条等材料编织成网状的六面体或圆柱体，内填块石、卵石，将其叠放或抛投在防护地段，做成护岸。石笼的直径为 0.6~1.0m，长度为 3.5~3.0m，体积为 1.0~2.0m³。石笼护岸的优点是可以利用较小的石块，抛入水中后位移较小，抗冲刷能力强，且具有一定的柔性，能适应地基的变形。

护岸墙适用于岸坡较陡、风浪冲击和水流淘刷强烈的地段。护岸墙可做成干砌石墙、混凝土墙和钢筋混凝土墙。护岸墙的底部应伸入基土内，墙前用砌石或堆石做成护脚，以防墙基淘刷。在必要的情况下，可在墙底设置桩承台，以保证护岸墙的稳定。

防护林护岸是选择宽滩地的适当地段植树造林，做成防护林带，以抵御水库高水位时的风浪冲刷。

第四节 水库泥沙淤积的防治

一、水库泥沙淤积的成因及危害

（一）水库泥沙淤积的成因

河流中挟带泥沙，按其在水中的运动方式，常分为悬移质泥沙、推移质泥沙和河床质泥沙，它们随着河床水力条件而改变，或随水流运动，或沉积于河床。

当河流上修建水库以后，泥沙随水流进入水库，由于水流流态变化，泥沙将在库内沉积形成水库淤积。水库淤积的速度与河流中的含沙量、水库的运用方式、水库的形态等因素有关。

（二）水库泥沙淤积的危害

水库的泥沙淤积不仅会影响水库的综合效益，而且还对水库的上下游地区造成严重的影响。其表现为：

（1）由于水库淤泥，库容减小，水库的调节能力也随之减小，从而降低甚至丧失防洪能力。

（2）加大了水库的淹没和浸没。

（3）使有效库容减小，降低了水库的综合效益。

（4）泥沙在库内淤积，使其下泄水流含沙量减小，从而引起下游河床冲刷。

（5）上游水流挟带的重金属等有害成分淤积库中，会造成库中水质恶化。

二、水库泥沙淤积与冲刷

（一）淤积类型

水流进入库内，因库内水的影响，可表现为两种不同的流态：一种为壅水流态，即入库水流流速由回水端到坝前沿程减小；另一种是均匀流态，即挡水坝不起壅水作用时，库区内的水面线与天然河道相同时的流态。均匀流态下水流的输沙状态与天然河道相同，称均匀明流输沙流态。均匀明流输沙流态下发生的沿程淤积称沿程淤积；在壅水明流输沙下发生的沿程淤积称壅水淤积。含沙量大细颗粒多，进入壅水段后，潜入清水下面沿库底继续向前运动的水流称异重流，此时发生的沿程淤积称异重流淤积。当异重流行至坝前而不能排出库外时，则浑水将滞蓄在坝前的清水下形成浑水水库。在壅水明流输沙流态中，如果水库的下泄流量小于来水量，则水库将继续壅水，流速继续减小，逐渐接近静水状态，此时未排除库外的浑水在坝前滞蓄，也将形成浑水水库，在深水水库中，泥沙的淤积称深水水库淤积。

（二）水库中泥沙淤积形态

泥沙在水库中淤积呈现出不同的形态。纵向淤积有三种：三角洲淤积、带状淤积和锥体淤积。

1. 三角洲淤积

泥沙淤积体的纵剖面呈三角形的淤积形态，称三角洲淤积。一般由回水末端至坝前呈三角状，多发生于水位较稳定、长期处于高水位运行的水库中。按淤积特征分为四个区段：尾水部段、顶坡段、前坡段、坝前淤积段。

2. 带状淤积

带状淤积的淤积物均匀地分布在库区回水段上。多发生于水库水位呈周期性变化，变幅较大，而水库来沙不多，颗粒较细，水流流速又较高的情况下。

3. 锥体淤积

锥体淤积是在坝前形成淤积面接近水平，为一条直线，形似锥体的淤积，多发生于水库水位不高，壅水段较短，底坡较大，水流流速较高的情况下。影响淤积形态的因素有水库的运行方式、库区的地形条件和干支流入库的水沙情况等。

（三）水库的冲刷

水库库区的冲刷分溯源冲刷、沿程冲刷和壅水冲刷三种。

1. 溯源冲刷

当水库水位降至三角洲顶点以下时，三角洲顶点处形成降水曲线，水面比降变陡，流速加快，水流挟沙能力增大，将由三角形顶点起从下游逐渐发生冲刷，这种冲刷称溯源冲刷。溯源冲刷有辐射状冲刷、层状冲刷和跌落状冲刷三种形态，当水库水位在短时间内降到某一高程后保持稳定或当放空水库时会形成辐射状冲刷；如果冲刷过程中水库水位不断下降，历时较长，会形成层状冲刷；如果淤积为较密实的黏性涂层，会形成跌落状冲刷。

2. 沿程冲刷

在不受水库水位变化影响的情况下，由于来水来沙条件改变而引起的河床冲刷，称沿程冲刷。当库水来水较多，而原来的河床形态及其组成与水流挟沙能力不相应，从而发生沿程冲刷。它是从上游向下游发展的，而且冲刷强度较低。

3. 壅水冲刷

在水库水位较高的情况下，开启底孔闸门泄水时，底孔周围淤积的泥沙，随同水流一起被底孔排出孔外，在底孔前逐渐形成一个最终稳定的冲刷漏斗，这种冲刷称壅水冲刷。壅水冲刷局限于底孔前，且与淤积物的状态有关。

三、水库淤积防治的措施

水库淤积的根本原因是水库水域水土流失形成水流挟沙并带入水库内。所以，根本的措施是改善水库水域的环境，加强水土保持。关于水土保持措施已在前述内容中介绍。除此之外，对水库进行合理的运行调度也是减轻和消除淤积的有效方法。

（一）减淤排沙的方式

减淤排沙有两种方式：一种是利用水库水流流速来实现排沙，另一种是借助辅助手段清除已产生的淤积。

1. 利用水流流态作用的排沙方式

（1）异重流排沙。多沙河流上的水库在蓄水运用中，当库水位、流速、含沙量符合一定条件（一般是水深较大、流速较小、含沙量较大）时，库区内将产生含沙量集中的异重流，若及时开启底孔等泄水设备，就能达到较好的排沙效果。

（2）泄洪排沙。在汛期遭遇洪水时，库水位壅高，将造成库区泥沙落淤，在不影响防洪安全的前提下，及时加大洪流量，尽量减少洪水在库区内的滞洪时间，也能达到减淤的效果。

（3）冲刷排沙。水库在敞泄或泄空过程中，使水库水流形成冲刷条件，将库内泥沙冲起排出库外。有沿程冲刷和溯源冲刷两种方式。

2. 辅助清淤措施

对于淤积严重的中小型水库，还可以采用人工、机械设备或工程设施的措施作为水库清淤的辅助手段。机械设备清淤是利用安在浮船上的排沙泵吸取库底淤积物，通过浮管排出库外，也有的借助安在浮船上的虹吸管，在泄洪时利用虹吸管吸取库底淤积泥沙，排到下游。工程设施清淤是指在一些小型多沙水库中，采用一种高渠拉沙的方式，即在水库周边高地设置引水渠，在库水位降低时利用引渠水流对库周滩地造成的强烈冲刷和滑塌，使泥沙沿主槽水流排出水库，恢复原已损失的滩地库容。

（二）水沙调度方式

上述的减淤排沙措施应与水库的合理调度配合运用。在多泥沙河道的水库上将防洪兴利调度与排沙措施结合运用，就是水沙调度，包括以下几种方式。

1. 蓄水拦洪集中排沙

蓄水拦洪集中排沙又称水库泥沙的多年调节方式，即水库按防洪和兴利要求的常用方式拦洪集中排沙和蓄水运用，待一定时期（一般为 2~3 年）以后，选择有利时机泄水放空水库，利用溯源冲刷和沿程冲刷相结合的方式清除多年的淤积物，从而全部或大部分恢复原来的防洪与兴利库容。在蓄水运用时期，还可以利用异重流进行排沙，这种方式宜于河床比降大、滩地库容所占比重小、调节性能好、综合利用要求高的水库。

2. 蓄清排浑

蓄清排浑又称泥沙的年调节方式，即汛期（丰沙期）降低水位运用，以利排沙，汛后（长沙期）蓄水兴利。利用每年汛期有利的长沙条件，采用溯源冲刷和沿程冲刷相结合的方式，清除蓄水期的淤积，做到每年基本恢复原来的防洪和兴利库容。

3. 泄洪排沙

泄洪排沙即在汛期水库敞开泄洪，汛后按有利排沙水位确定正常蓄水位，并按天然流量供水。这种方式可以避免水库大量淤积，能达到短期内冲淤平衡，但是综合效益发挥将受到限制。

第五节　水库的控制运用

一、水库控制运用的意义

水库的作用是调节径流、兴利除害。但是，由于水库功能的多样性和河川未来径流的难以预知性，使水库在运用中存在一系列的矛盾问题，概括起来主要表现在四个方面：一是汛期蓄水与泄水的矛盾；二是汛期弃水发电与防汛的矛盾；三是工业、农业、生活用水的分配矛盾；四是在水资源的配置和使用过程中产生用水部门及地区间的不平衡而发生的水事纠纷问题。这就要加强对水库的控制运用，合理调度。只有这样，才能在有限的水库资源条件下较好地满足各方面的需求，获得较大的综合利益。如果水库调度同时结合水文预报进行，实现水库预报调度，所获得的综合效益将更大。

二、水库调度工作的要求

水库调度包括防洪调度与兴利调度两个方面。在水情长期预报还不可靠的情况下，可根据已制定的水库调节图与调度准则指导水库调度，也可参考中短期水文预报进行水库预报调度，对于多泥沙河流上的水库，还要处理好拦洪蓄水与排沙的关系，即做好水沙调度。水库群调度中，要着重考虑补偿调节与梯级调度问题。为做好调度的实施工作，应预先制订水库年度调度计划，并根据实际来水与用水情况，进行实时调度。

水库年调度计划是根据水库原设计和历年运行经验，结合面临年度的实际情况而制定的全年调度工作的总体安排。

水库实时调度是指在水库日常运行的面临阶段，根据实际情况确定运行状态的调度措施与方法，其目的是实现预定的调度目标，保证水库安全，充分发挥水库效益。

三、水库控制运用指标

水库控制运用指标是指那些在水库实际运行中作为控制条件的一系列特征水位，它是拟订水库调度计划的关键数据，也是实际运行中判别水库运行是否安全正常的主要依据之一。

水库在设计时，按照有关技术标准的规定选定了一系列特征水位，主要有校核洪水位、设计洪水位、防洪高水位、正常蓄水位、防洪限制水位、死水位等，它们决定水库的规模与效益，也是水库大坝等水工建筑物设计的基本依据。水库实际运行中采用的特征水位是水利部颁发的《水库工程管理通则》中规定的允许最高水位、汛期末蓄水位、汛期限制水位、兴利下限水位等。它们的确定主要依据原设计和相关特征水位，同时还需考虑工程现状和控制运用经验等因素。当情况发生较大变化，不能按原设计的特征水位运用时，应在仔细分析比较与科学论证的基础上，拟定新的指标，这些运行控制指标因实际情况需要随时调整。

（1）允许最高水位，是在水库运行中，在发生设计的校核洪水时允许达到的最高库水位，它是判断水库工程防洪安全最重要的指标。

（2）汛期限制水位，水库为保证防洪安全，汛期要留有足够的防洪库容而限制兴利蓄水的上限水位。一般根据水库防洪和下游防洪要求的一定标准洪水，经过调洪演算推求而得。

（3）汛期末蓄水位，是综合利用的水库，汛期根据兴利的需要，在汛期限水位上要求充蓄到的最高水位。这个水位在很大程度上决定了下一个汛期到来之前可能获得的兴利效益。

（4）兴利下限水位，是水库兴利运用在正常情况下允许消落到的最低水位。它反映了兴利的需要及各方面的控制条件，这些条件包括泄水及引水建筑物的设备高程，水电站最小工作水头，库内渔业生产、航运，水源保护及要求，等等。

四、水库兴利控制的运用

水库兴利控制运用的目的是在保证水库及上下游城乡安全及河道生态条件的前提下，使水库库容和河川径流资源得到充分运用，最大限度地发挥水库的兴利效益。

水库兴利控制运用是水利管理的重要内容，其依据是水库兴利控制运用计划。

（一）编制控制运用计划的基本资料

编制水库兴利控制运用计划需收集下列基本资料：①水库历年逐月来水量资料；②历年灌溉、供水、发电、航运等用水资料；③水库集水面积内和灌区内各站历年降水量、蒸发量资料及当年长期气象水文预报资料；④水库的水位与面积、水位与库容的关系曲线；⑤各种特征库容及相应水位，水库蒸发、渗漏损失资料。

（二）水库年度供水计划的编制

1. 编制年度供水计划的内容

编制年度供水计划的内容主要是估算来水、蓄水、用水，通过水量平衡计算拟订水库供水方案。

2. 编制方法

目前常用的编制方法有两种：一是根据定量的长期气象及水文预报资料估算来水和用水过程，编制供水计划；二是利用代表年与长期定性预报相结合的方法。其中以第一种方法最为常用。

（三）水库兴利调度图

为了进行水库调度，必须利用径流的历史特性资料和统计特性资料，按水库运行调度的一定准则，预先编制由一组控制水库工作的蓄水指示线（调度线）组成的水库调度图。如当年有长期气象预报资料，估算出当年的来水、用水量，在水库已有蓄水量的情况下，通过计算绘制的水库兴利水位过程图，就是当年的兴利调度图。在缺乏长期水文、气象预报资料或水文气象预报精度尚不能满足要求的条件下，最常用的方法是绘制统计调度图来进行兴利调度。

五、水库防洪控制运用

水库防洪调度是指利用水库的调蓄作用和控制能力，有计划地控制、调节洪水，以避免下游防洪区的洪灾损失和确保水库工程安全。

为确保水库安全，以充分发挥水库对下游的防洪效益，应每年在汛前编制好水库汛期控制运用计划。防汛控制运用计划应根据工程实际情况，对防洪标准、调度方式、防洪限制水位进行重新确定，并重新绘制防洪调度图。

（一）防洪标准的确定

对实际工程状况符合原规划设计要求的，应执行原规划设计时的防洪标准。对由于受工程质量、泄洪能力和其他条件的限制，不能按原规划设计标准运行的，就应根据当年的具体情况拟订本年度的防洪标准和相应的允许最高水位，在拟订时应考虑以下因素：

（1）当年工程的具体情况和鉴定意见，水库建筑物出现异常时对规定的最高防洪位应予以降低。

（2）当年上、下游地区与河道堤防的防洪能力及防汛要求。

（3）新建水库未经过高水位考验时，汛期最高洪水位需加以限制。

（二）防洪调度方式的确定

水库汛期的防汛调度是水库管理中一项十分重要的工作。它不但直接关系水库安全和下游防洪效益的发挥，而且影响汛末蓄水和兴利效益的发挥。要做好防汛调度，必须重视并拟订合理可行的防洪调度方式，包括泄流方式、泄流量、泄流时间、闸门启闭规则等。

水库的防洪调度方式取决于水库所承担的防洪任务、洪水特性和各种其他因素。按所承担的防洪任务要求分为：①满足下游防洪要求的防洪调度方式；②保证水库工程安全而无下游防汛任务要求的防洪调度方式。

1. 下游有防洪要求的调度

下游有防洪要求的调度包括固定泄洪调度方式、防洪补偿调度方式、防洪预报调度方式三种。

（1）固定泄洪调度。对于下游洪区（控制点）紧靠水库、水库至防洪区的区间面积小、区间流量不大或者变化平稳的情况，区间流量可以忽略不计或看作常数，对于这种情况，水库可按固定泄洪方式运用。泄流量可按一级或多级形式用闸门控制。当洪水不超过防洪标准时，控制下游河道流量不超过河道安全泄量。对防洪渠只有一种安全泄量的情况，水库按一种固定流量泄洪，水库下游有几种不同防洪标准与安全泄量时，水库可按几个固定流量泄洪的方式运用。一般多按"大水多泄，小水少泄"的原则分级。有的水库按水位控制分级，有的水库按入库洪水控制流量分级。当判断来水超过防洪标准时，应以水工建筑物的安全为主，以较大的固定泄量泄水，或将全部泄洪设备敞开泄洪。

（2）防洪补偿调度（或错峰调度）。当水库距下游防洪区（控制点）较远、区间面积较大时，则对区间的来水就不能忽略，要充分发挥防洪库容的作用，可采用补偿（或错峰调度）方式。所谓补偿调节，就是指水库的下泄流量加上区间来水，要不大于下游防洪控制点允许的安全泄流量。水库就必须在区间洪水通过防洪控制点时减少泄流量。

错峰调节是指当区间洪水汇流时间太短，水库无法根据预报的区间洪水过程逐时段地放水时，为了使水库的安全泄流量与区间洪水之和不超过下游的安全流量，只能根据区间预报可能出现的洪峰，在一定时间内对水库关闸控制，错开洪峰，以满足下游的防洪要求。这实际上是一种经验性的补偿。

（3）防洪预报调度。是利用准确预报资料进行调度工作的一种方式。对已建成的水库考虑预报进行预泄，可以腾空部分防洪库容，增加水库的防洪能力或更大限度地削减洪峰，保证下游安全。对具有洪水预报技术和设备条件，洪水预报精度和准确性高，且蓄泄运用较灵活的水库可以采用防洪预报调度，短期水文预报一般指降水径流预报或上下站水位流量关系的预报，其预期不长，但精确度较高，合格率较高，一般考虑短期预报进行防洪调度比较可靠。

根据防洪标准的洪水过程，按照采用的洪水预报预见期及其精度进行调洪演算。调洪演算所用的预泄流量是在水库泄流能力范围内且不大于下游允许泄流量的流量。如果下游区间流量比较大时，应该是不超过下游允许泄流与区间流量的差值，通过调洪演算即可求出能够预泄的库容及调洪最高水位。

2. 下游无防洪要求的调度

当下游无防洪要求时，应以满足水库工程安全为主进行调度，包括正常运用方式和非常运用方式两种情况的泄流方式，可采用自由泄流或变动泄流的方式进行。

（1）正常运用方式。可以采用库水位或者入库流量作为控制运用的判断指标。按照预先制定的运行方式（一般为变动泄流，闸门逐渐打开）蓄泄洪水，控制水位不高于设计洪水位。

（2）非常运用方式。当水库水位达到设计洪水位并超过时，对有闸门控制的泄洪设施，可以打开全部闸门或按规定的泄洪方式泄洪（多为自由泄洪方式或启动非常泄洪道等方式），以控制发生校核洪水时库水位不超过校核洪水位。

3. 闸门的启闭方式

（1）集中开启。就是一次集中开启所需的闸门个数及相应的开度。

这种方式对下游威胁较大，只有在下游防洪要求不高或水库自身安全受到威胁时才考虑采用。

（2）逐步开启。有两种情况：一种是对安全闸门而言，分序开启；另一种是对单个闸门而言，部分开启。如何开启主要根据下泄洪水流量大小来确定。

（三）防洪限制水位的确定

防洪限制水位在规划设计时虽已明确，但水库在汛期控制阶段，还必须根据当年的情况予以重新确定调整。一般应考虑工程质量、水库防洪标准、水文情况等因素来确定。

对于质量差的应降低防洪限制水位运行；问题严重的要空库运行；对于原设计防洪标准低的水库在汛期应降低防洪限制水位，以便提高防洪标准；对于库容较小，而上游河道枯季径流相对较大，在汛期后短期内可以蓄满的，则防洪限制水位可以定得低一些。

在汛期内供水有明显的分期界限的，为了充分地发挥水库的防洪及综合效益，在一定条件下使防洪库容与兴利库容相结合使用，并根据预报信息提前预泄洪水或拦蓄洪尾等，可以采取分期防洪限制水位进行分期调度，即将汛期分为不同的阶段，分别计算各阶段洪量和留出不同的防洪库容，进而确定各阶段的防洪限制水位，分期蓄水，逐步抬高防洪限制水位。

分期防洪限制水位的确定方法有两种：

第一种，从设计洪水位反推防洪限制水位。将汛期划分为几个时段后，根据各分期的设计洪水，从设计洪水位（或防洪高水位）开始按逆时序进行调洪计算，反推各分期的防洪限制水位及调节各分期洪水所需的防洪库容。

第二种，假定不同的分期防洪限制水位，计算相应的设计洪水位，综合比较后确定各分期的防洪限制水位。对每一个分期设计洪水拟定防洪限制水位，然后对每个防洪限制水位按规定的防洪限制条件和调洪方式，对分期设计洪水进行顺时序的调洪计算，求出相应的设计洪水位。最大泄流量和调洪库容。最后综合分析后确定各分期的防洪限制水位。

（四）汛期防洪调度图

水库汛期防洪调度图是防洪调度工作的工具，只要根据水库的水位在调度图中所处的位置，就可以按相应的调度规则来确定该时刻的下泄流量。防洪调度图可以确定整个汛期的调洪方式。防洪调度图由防洪限制水位线、防洪调度线、各种标准洪水的最高调洪水位线和由这些线所划分的各级调洪区所组成。

（五）做好水文气象预报工作

做好水文气象预报工作对于汛期的防汛调度十分重要，比如采用预泄或延泄措施，要依据预报有无大洪水发生来确定；提前预泄或蓄水，也应根据预报的预见期，结合当时库水位及下游允许泄量来确定。

汛期水库水位应按规定的防洪限制水位进行控制。为了减少弃水，可根据水情预报条件、洪水传播时间和泄洪能力大小，使水库水位稍高于当时防洪限制水位，通过兴利用水逐渐消落，但要确有把握在下次洪水到来前将库水位消落到防洪限制水位。对于没有预报条件、洪水传播时间短和泄洪能力小的水库，不宜这样运行。

第四章 水利土石坝的养护和管理

第一节 概 述

土石坝泛指由土料、石料或土石混合料，经抛填、碾压等方法修筑而成的挡水建筑物。由于筑坝材料主要来自坝址区，因此也称当地材料坝。

一、土石坝的特点

土石坝所用材料为松散颗粒，土粒间的黏结强度低，抗剪能力小，颗粒间孔隙较大，因此易受到渗流、冲刷、沉降、冰冻、地震等的影响。

土石坝在运用过程中常常会因渗流而产生渗透破坏和蓄水的大量损失；因沉降导致坝顶高程不足和产生裂缝；因抗剪能力小、边坡不够平缓、渗流等易产生滑坡；因土粒间黏结力小，抗冲能力低，在风浪、降雨等作用下易造成坝坡的冲蚀、侵蚀和护坡的破坏；因气温的剧烈变化易引起坝体土料冻胀和干缩。

故要求土石坝有稳定的坝身、合理的防渗体和排水体、坚固的护坡及适当的坝顶构造，并应在水库的运用过程中加强监测和维护。

二、土石坝的失事

我国现有运行的土石坝中许多存在不同程度的缺陷和病害，严重的还会导致大坝失事。促使病害产生并影响土石坝安全的因素很多，主要有以下几点：

（1）运用过程中，长期受到水的渗透、冲刷、气蚀和磨损等物理作用和侵蚀、腐蚀等化学作用。

（2）由于勘测、规划、设计和施工的原因使土石坝结构本身存在一些不足和缺陷。

（3）工程管理不当及人为因素。

（4）遭遇不可预见的自然因素和非常因素的作用。

虽然大坝失事原因是多方面的，但若能加强管理，及时摸清和消除工程中存在的缺陷和隐患，就可避免一些事故的发生或减轻事故破坏的程度。

三、土石坝的病害类型

据国家主管部门对全国1000件土石坝工程事故原因调查分析显示：裂缝占25.3%，渗漏占26.4%，管涌占5.3%，滑坡、坍塌占10.9%，护坡破坏占6.5%，冲刷破坏占11.2%，气蚀破坏占3%，闸门启闭失灵占4.8%，白蚁钻洞及其他事项占6.6%。可见，土石坝的病害类型主要是裂缝、渗漏、冲刷破坏、滑坡坍塌、护坡破坏等几种。

第二节　土石坝的检查和养护

土石坝的各种病害都有一个发展过程，针对可能出现病害的形式和部位加以检查，如能在病害初期及时发现，并采取措施进行处理和养护，就可防止轻微缺陷的进一步发展和各种不利因素对土石坝的过大损害，保证土石坝的安全，延长土石坝的使用年限。大量的工程管理经验表明，工程缺陷的破坏主要是靠检查、观察发现的。

一、土石坝的检查

土石坝的检查可分为日常巡视检查、年度检查和特别检查。

（一）日常巡视检查

日常巡视检查是用直观方法或简单的工具，经常对土石坝的表面进行检查和观察，了解建筑物是否完整，有无异常现象，是土石坝养护维修的基础。日常巡视检查每月不宜少于 1 次，汛期应视汛情相应增加次数。库水位首次达到设计的洪水水位前后或出现历史最高水位时，每天不应少于 1 次。如遇特殊情况和工程出现异常时，应增加次数。

1. 检查范围和内容

土石坝日常巡视检查应包括以下内容：

（1）大坝表面缺陷，包括坝坡的塌陷、隆起、滑动、松动、剥落、冲刷、垫层流失、架空、风化变质等，坝顶的塌陷、积水、路面工作状况，混凝土面板的不均匀沉陷、破损、接缝开合和表面止水工作状况，面板和趾板接触处沉降、错动、张开等。

（2）大坝坝体、防浪墙、混凝土面板裂缝，包括裂缝的类型、部位、尺寸、走向和规模等。

（3）大坝渗漏，包括坝体、坝基渗漏，绕坝渗流以及渗漏的类型、部位、渗漏量、规模、水质和溶蚀现象等，尤其应重点关注土石接合部的渗漏状况。

（4）大坝坝体滑坡，包括滑坡引起的裂缝宽度、裂缝形状、裂缝两端错动，排水是否畅通，以及上部的塌陷和下部的隆起，等等。有渗流监测设施的还应观察坝体内的浸润线是否过高。

（5）排水与导渗设施工作状况，包括截渗和减压设施有无破坏、穿透、淤塞等现象；排水反滤设施是否有堵塞和排水不畅，渗水有无骤增、骤减和混浊现象。

2. 检查方法

日常巡视检查工作主要用目测巡视的方法，即通过眼看、耳听、手摸等直观方法并辅以简单工具进行。应有专人负责，认真填写有关检查记录并存档。对发现的异常现象应及时上报，并研究分析，提出妥善的处理措施。

（二）年度检查

年度检查宜在每年的汛前、汛后、高水位、死水位、低气温及冰冻较严重地区的冰冻期和融冰期进行，每年不宜少于2次。

1. 检查内容

年度检查的内容除包括日常巡视检查的内容外，还应包括下列内容：

（1）坝下埋涵（管）的裂缝、渗漏、破损、断裂、错位、沉降等。

（2）白蚁及其他动物危害。

2. 检查方法

年度检查与日常巡视检查一样，做好全方位的目测巡视，落实"五定"要求，即定制度、定人员、定时间、定部位和定任务。同时在年度检查时常常要借助工具和一些仪器进行。

（1）槽探、井探及注水检查法。槽探一般开挖成长条状，深度在10m以内，主要用来检查坝体隐患。井探多由人工开挖成圆形断面，深度在40m以内，可用于探查坝体深层的洞穴、管涌、裂缝等隐患。这两种方法直观可靠，是常用的勘探隐患方法，但较费工费时，易破坏坝体局部结构。注水检查是在坝体的测压孔或新钻孔内注水试验，根据算得的渗透系数值判断坝体内部是否存在裂缝或其他渗水途径等，可配合前两种方法使用。

（2）甚低频电磁检查法。甚低频电磁的工作频率为 $15 \sim 35kHz$，发射功率为 $20 \sim 1000kW$，其波长长、功率大、穿透力强，具有传播距离远、衰减小、场强稳定等特点。该方法多用于大坝基础破碎带或石灰喀斯特溶洞的渗水隐患检查。

（3）同位素检查法。主要有同位素示踪测速法、同位素稀释法和同位素示踪吸附法三种。其主要是在坝体渗漏孔内投入适当的同位素剂，在下游或附近监测同位素的到达情况，通过分析可确定渗流速度、流向、渗漏系数等，以检查坝体渗漏途径和渗流量。

（三）特别检查

特别检查是当土石坝发生比较严重的险情或破坏现象，或发生特大洪水、3 年一遇暴雨、7 级以上大风、5 级以上地震以及第一次最高水位、库水位日降落 0.5m 以上等非常运用情况下，由工程管理单位组织专门力量进行的巡查，必要时可邀请上级主管部门和设计、施工等单位共同进行。特别检查应结合观测资料进行分析研究，判断外界因素对土石坝状态和性能的影响，并对水库的管理运用提出结论性报告。

另外，土石坝还有安全鉴定工作要做。安全鉴定在水库建成的初蓄期和稳定运行期每隔 3~5 年进行 1 次，老化期每隔 6~10 年进行 1 次。按照工程分级管理的原则，由上级主管部门组织管理、设计、施工、科研等单位及有关专业人员共同参加鉴定工作，对土石坝的安全情况做出鉴定报告，评价工程建筑物的运行状态，如需处理应提出措施。

二、土石坝的养护

土石坝的养护工作应做到及时消除土石坝枢纽的表面缺陷和局部工程问题，随时防护可能发生的损坏，保持土石坝枢纽的安全、完整、正常运行。

养护包括经常性养护、定期养护和专门性养护。经常性养护应及时进行；定期养护应在每年汛前、汛后、冬季来临前或易于保证养护工程施工质量的时间段进行；专门性养护应在极有可能出现问题或出现问题后，制订养护方案并及时进行，若不能及时进行养护施工时，应采取临时性防护措施。

根据 SL 210—2015《土石坝养护修理规程》，养护对象应包括坝顶、坝端、坝坡、排水设施、闸门及启闭设备、地下洞室、边坡、安全监测设施及其他辅助设施等。

（一）坝顶及坝端的养护

应及时清除坝顶的杂草、弃物。坝顶出现的坑洼和雨淋沟应及时用相同材料填平补齐，并保持一定的排水坡度。坝顶公路路面应经常规范养护，出现损坏时应及时按原路面要求修复，不能及时修复的应用土或石料临时填平。

防浪墙、坝肩和踏步、栏杆、路缘石等出现局部破损应及时修补或更换，保持完整和轮廓鲜明。

应及时清除坝端的堆积物。坝端出现局部裂缝、坑凹应查明原因并及时填补。

坝顶灯柱歪斜，线路和照明设备损坏时，应及时修复或更换。

坝顶排水系统出现堵塞、淤积或损坏时，应及时清除和修复。

（二）坝坡的养护

坝坡养护应做到坡面平整，无雨淋沟，无荆棘杂草丛生现象；护坡砌块应完好，砌缝紧密，填塞密实，无松动、塌陷、脱落、架空等现象；排水系统应完好无淤堵。

1. 干砌块石护坡的养护

及时填补、揳紧个别脱落或松动的护坡石料；及时更换风化或冻毁的块石并嵌砌紧密；块石塌陷，垫层被淘刷时，应先翻出块石，恢复坝体和垫层后，再将块石嵌砌紧密。

2. 混凝土或浆砌块石护坡的养护

及时填补伸缩缝内流失的填料，填补时应将缝内杂物清洗干净。护坡局部发生侵蚀剥落、裂缝或破碎时，应及时采用水泥砂浆表面抹补、喷浆或填塞处理，处理时应将表面清洗干净。如破碎面较大，且垫层被淘刷，砌体有架空现象时，应临时用石料填塞密实，待岁修或大修时按有关规定彻底修理。排水孔如有不畅，应及时疏通或补设。

3. 堆石护坡或碎石护坡的养护

对于堆石护坡或碎石护坡，如因石料滚动造成厚薄不均时应及时进行平整。

4. 草皮护坡的养护

应经常修整、清除杂草、防治病虫害，保持护坡完整美观。若杂草严重，应及时用化学方法或人工去除杂草；发现病虫害时，应立即喷洒杀虫剂或杀菌剂；使用化学药剂时，应防止污染环境。草皮干枯时，及时洒水或施肥养护。出现雨淋沟时，应及时还原坝坡，补植草皮。

5. 严寒地区护坡的养护

在冰冻期间，应积极防止冰凌对护坡的破坏。可根据具体情况，采用打冰道或在护坡临水处铺设塑料薄膜等办法减小冰压力。具备条件时可采用机械破冰法、动水破冰法和水位调节法破碎坝前冰盖。坝坡排水系统内如有积水，应在入冬前清除干净。

（三）混凝土面板的养护

水泥混凝土面板的养护和防护可参照混凝土表面养护与防护的有关规定执行。

沥青混凝土面板的养护应采取下列措施：表面封闭层出现龟裂、剥落等老化现象时应及时进行修复；夏季气温较高的地区，应采用浇水的方法对沥青混凝土面板表面进行降温，防止斜坡流淌；冬季气温较低的地区，应采取保温措施，防止沥青混凝土面板冻裂。

面板变形缝止水带的止水盖板（片）、嵌缝止水条、柔性填料等出现局部损坏、老化现象时，应及时修复或更换。

（四）坝区的养护

设置在坝区范围内的排水设施、监测设施、交通设施和绿化等应保持完整、美观，无损坏现象。

绿化区内的树木、花卉出现缺损或枯萎时，应及时补植或灌水、施肥养护。

坝区范围内出现白蚁活动迹象时，应及时进行治理。

坝区范围内出现新的渗漏溢出点时，应设置观测设施进行持续观测，分析查明原因后再进行处理。

上游设有铺盖的土石坝应避免放空水库，防止铺盖出现干裂或冻裂。应避免水库水位骤降引起坝体滑坡，损坏铺盖。

坝区内的排水、导渗设施养护应符合下列规定：

（1）应达到无断裂、损坏、堵塞、失效现象，排水畅通。

（2）应及时清除排水沟（管）内的淤泥、杂物及冰塞，保持通畅。

（3）排水沟（管）局部出现松动、裂缝和损坏时，应及时用水泥砂浆修补。

（4）排水沟（管）的基础遭受冲刷破坏时，应先恢复基础，后修复排水沟（管），修复时应使用与基础相同的土料并夯实。排水沟（管）如设有反滤层时，也应按设计标准进行修复。

（5）应随时检查修补滤水坝趾或导渗设施周边山坡的截水沟，防止山坡浑水淤塞坝趾或导渗排水设施。

（6）减压井应经常进行清理疏通，必要时洗井，保持排水畅通；周围如有积水渗入井内，应将积水排干，填平坑洼，保持井周围无积水。减压井的井口应高出地面，防止地表水倒灌。如减压井已被损坏无法修复，可将该减压井用滤料填实，另建新减压井。

（7）应经常检查并防止土石坝的导渗和排水设施遭受下游浑水倒灌或回流冲刷，必要时可修建导流墙或将排水体上部受回流影响部分的表层石块用砂浆勾缝，排水体下部与排水暗沟相连，保证排水体正常排渗。

（五）边坡的养护

混凝土喷护边坡表面滋生的杂草与杂物应及时清除。

边坡排水沟、截水沟内的杂草与淤积物应及时清除，保持沟内清洁与流水畅通。排水沟、截水沟表面出现的破损应及时整修恢复。排水孔出现堵塞时应及时疏通。

应定期观察边坡的稳定情况，清除落石，必要时设置防护设施。

边坡出现冲沟、缺口、深陷及坍落时应延时整修。

1. 边坡挡土墙应定期检查

发现异常现象应及时采取下列措施：

（1）清除挡土墙上的草木。

（2）墙体出现裂缝或断缝时，应先进行稳定处理，再进行补缝。

（3）排水孔应保持畅通，出现严重渗水时，应增设排水孔或墙后排水设施。

2. 边坡锚固系统的养护

边坡锚固系统的养护应符合下列规定：

（1）应定期检查边坡支护锚杆的外露部分是否出现锈蚀。如锈蚀严重，应先去锈，再用水泥砂浆保护。

（2）应定期检查边坡支护预应力锚索外锚头的封锚混凝土的碳化与剥蚀情况。如碳化或剥蚀情况较为严重，应按 SL 230—98《混凝土坝养护修理规程》的有关规定进行处理。

（3）应加强锚杆和预应力锚索支护边坡的防水、排水工作，防止地下水入渗，减轻或避免地下水对锚杆和锚索的腐蚀作用。

（六）监测设施维护

水管式沉降仪、钢丝位移计等安全监测系统应经常维护。水管式沉降仪观测玻璃管及储水桶内的杂质应及时清理，并定期更换系统内的液体；钢丝位移计系统应保持工作台清洁，观测标尺应经常擦油维护，并做好观测台的防腐除锈工作。

（七）其他养护

（1）有排漂设施的应定期排放漂浮物；无排漂设施的可采用浮桶、浮桶结合索网或金属栅栏等措施拦截漂浮物并定期清理。

（2）应定期监测坝前泥沙淤积和泄洪设施下游冲淤情况。淤积影响水利枢纽正常运行时，应进行冲沙或清淤；冲刷严重时，应进行防护。

（3）坝肩和输水、泄水道的岸坡应定期检查，及时疏通排水沟和排水孔，对滑坡体及其坡面损坏部位应及时处理。

（4）大坝上设置的钢木附属设备（灯柱、线管、栏杆、标点盖等），应定期涂刷油漆，防锈防腐。

（5）应保证大坝两端的山坡和地面截水设施正常工作，防止水流冲刷坝顶、坝坡或坝脚，应及时清理岸坡接合部山坡的滑坡堆积物，并及时处理滑坡部位。

（6）应定期检查输水洞、涵、管等的完好情况及其周围土体的密实情况，及时填堵存在的接触缝和接触冲刷形成的缺陷。

（7）应及时打捞漂至坝前的较大漂浮物，避免遇风浪时撞击坝坡。

（8）应定期开展白蚁及其他动物危害的防治工作。

（9）应加强水库库岸周边安全护栏、防汛道路、界桩、告示牌等管理设施的维护与维修。

第三节　土石坝的裂缝处理

土石坝坝体裂缝是一种较为常见的病害现象，大多数发生在蓄水运用期间，对坝体存在着潜在的危险。例如，细小的横向裂缝有可能发展成坝体的集中渗漏通道；部分纵向裂缝则可能是坝体滑坡的征兆；有的内部裂缝，在蓄水期突然产生严重渗漏，威胁大坝安全；有的裂缝虽未造成大坝失事，但影响正常蓄水，不能发挥水库效益。因此，对土石坝的裂缝应予以足够重视。

一、土石坝裂缝的类型及成因

土石坝的裂缝有的在坝体表面就可以看到，有的隐藏在坝体内部，要开挖检查或借助检测仪器才能发现。裂缝的宽度，窄的不到1mm，宽的可达几百 mm，甚至更大；裂缝的长度，短的不足 1m，长的达数十米，甚至更长；裂缝的深度，有的不到 1m，有的深达坝基；裂缝的走向，有平行坝轴线的纵缝，有垂直坝轴线的横缝，有与水平面大致平行的水面缝，还有倾斜的裂缝。

土石坝裂缝的成因主要是坝基承载力不均匀，坝体材料不一致，施工质量差，设计不合理所致。

土石坝的裂缝，按照裂缝出现在土坝中的部位可分为表面裂缝和内部裂缝；按照裂缝的走向可分为横向裂缝、纵向裂缝、水平裂缝和龟纹裂缝；按照裂缝的成因又可分为沉陷裂缝、滑坡裂缝、干缩裂缝、冰冻裂缝和振动裂缝。

二、土石坝裂缝的检查

对裂缝的检查与探测，首先应借助观测资料的整理分析，根据上面提及的裂缝常见部位，对这些部位的坝体变形（垂直和水平位移）、测压管水位、土体中应力及孔隙水压力变化、水流渗出后的混浊度等进行鉴别，只有初步确定裂缝出现的位置后，再用探测方法弄清裂缝确切的位置、大小、走向，为确定裂缝处理方案提供依据。

通常在裂缝附近会产生下列异常情况：

（1）沿坝轴线方向同一高程位置的填土高度、土质等基本相同，而其中个别测点的沉降值比其他测点明显减小，则该点可能存在内部裂缝。

（2）垂直坝段各排测压管的浸润线高度，在正常情况下，除靠岸坡的两侧略高外，其他大致相同，其中若发现个别坝段浸润线明显抬高，则测点附近可能出现横向裂缝。

（3）在通过坝体的渗水有明显清浑交替出现的位置，可能出现贯穿裂缝或管涌通道。

（4）坝面有刚性防浪墙拉裂等异常现象的坝段，同时坝身有明显塌坑处，说明该处有横向裂缝。

（5）短距离内沉降差较大的坝段。

（6）土压力及孔隙水压力不正常的位置。

对于可能存在的裂缝部位可采用土坝隐患探测的方法，即有损探测和无损探测法进行检查，但有损探测对坝身有一定的损坏。有损探测又分为人工破损探测和同位素探测；无损探测是指电法探测。

（一）人工破损探测

对表面有明显征兆，沉降差特别大，坝顶防浪墙被拉裂的部位，可采用探坑、探槽和探井的方法探测。探坑、探槽和探井是指人工开挖一定数量的坑、槽和井来实际描述坝内隐患情况。该法直观、可靠，易弄清裂缝位置、大小、走向及深度，但受到深度限制，目前国内探坑、探槽的深度不超过 10m，探井深度可达到 40m。

（二）同位素探测

同位素探测法也称放射性示踪法、单孔示踪法、单孔稀释法和单孔定向法等。同位素探测法是利用大坝已有的测压管，投入放射性示踪剂模拟天然渗透水流运动状态，用核探测技术观测其运动规律和踪迹。通过现场实际观测可以取得渗透水流的流速、流向和途径。在给定水力坡降和有效孔隙率时，可以计算相应的渗透水流速度和渗透系数。在给定的宽度和厚度的基础上，可以计算渗流量。

（三）电法探测

电法探测是一种无损伤探测的方法，在土坝表面布设电极，通过电测仪器观测人工或天然电场的强度，分析这些电场的特点和变化规律，以达到探测工程隐患的目的。

土坝坝体是具有一定几何形状的人工地质体，同一坝段的坝体横断面尺寸沿大坝纵向方向通常是一致的，筑坝材料也相对均匀。因此，坝体几何形状对人工电场的影响在各个坝段基本相同，一旦有隐患存在，必然会破坏坝体的整体性和均匀性，引起人工电场的异常变化，导致隐患测点与其他测点电阻率的差异，这就是电法探测土坝隐患的机理。

电法探测适用于土坝裂缝、集中渗流、管涌通道、基础漏水、绕坝渗流、接触渗流、软土夹层及白蚁洞穴等隐患探测，它比传统的人工破坏探测速度快、费用低，目前已广泛运用。电法探测的方法较多，有自然电场法、直流电阻率法、直流激发极法和甚低频电磁法。

三、土石坝裂缝的预防

土石坝裂缝的防治首先在于防。而土坝裂缝的预防措施可归纳为设计、施工和管理三个方面，即在设计时提出裂缝可能产生的部位，在施工中采取必要的措施，在管理上加强养护，正确运用。

（一）设计阶段

由裂缝的成因可知，大多数裂缝均由坝体或坝基的不均匀沉陷引起，故设计中，应考虑如何减小坝体的不均匀沉陷。如坝基中的软土层应预先挖除；湿陷性黄土应预先浸水，事先沉陷；坝体两端的山坡和台地应按具体条件开挖成较缓的边坡，切忌有倒坡和峭壁存在；与坝接触的刚性建筑物（如坝下涵洞、溢洪道、截水墙等），应使其接触面有一定的正坡，减少坝体的不均匀沉陷，有利于坝体与刚性建筑物的结合；土石坝与其他建筑物或岸坡的接合处应适当加厚黏土防渗体，防止裂缝贯穿防渗体；对坝体应根据土壤特性和碾压条件，选择合适的含水量和填筑标准。

（二）施工阶段

施工必须按设计提出的要求进行，严格把握好清基、上坝土质、含水量、填筑层厚和碾压标准等各项施工质量，妥善处理划块填筑的接缝，施工停歇期较长时，黏性土的填筑面应铺设临时沙土或松土保护层，复填时应清除保护层、刨松填筑面，注意新老面的结合，防止填筑面的干缩。

（三）管理运行阶段

在运行管理期间，首先应按日常维护工作的具体要求进行养护，其次需特别注意水库水位的升降速度，即首次蓄水应逐年分期提高水库水位，以防止因突然增加荷载和湿陷产生裂缝；正常供水期要限制水库水位的下降速度，防止因水库水位骤降而导致迎水坡产生滑坡裂缝。

四、土石坝裂缝的处理

裂缝处理前，首先应根据观测资料、裂缝特征和部位，结合现场探测结果，分析裂缝类型、产生的原因，然后按照不同情况，采取针对性的措施，适时进行加固和处理。

各种裂缝对土石坝都有不同的影响，危害最大的是贯穿坝体的横向裂缝、内部裂缝及滑坡裂缝，一旦发现，应认真监视，及时处理。对缝深小于 0.5m、缝宽小于 0.5mm 的表面干缩裂缝，或缝深不大于 1m 的纵向裂缝，也可不予处理，但要封闭缝口；有些正在发展中的、暂时不致发生险情的裂缝，可观测一段时间，待裂缝趋于稳定后再进行处理，但要做临时防护措施，防止雨水及冰冻影响。

非滑坡性裂缝处理方法主要有开挖回填、灌浆和开挖回填与灌浆相结合三种方法。

（一）开挖回填法

开挖回填是处理裂缝比较彻底的方法，适用于处理深度不超过 3m 的裂缝，或允许放空水库进行修补加固防渗部位的裂缝。

1. 裂缝的开挖

为探清裂缝的范围和深度，在开挖前可先向缝内灌入少量石灰水，然后沿缝挖槽。缝的开挖长度应超过裂缝两端 1m，深度超过裂缝尽头 0.5m，开挖的坑槽底部的宽度至 0.5m，边坡应满足稳定及新旧回填土结合的要求。坑槽开挖应做好安全防护工作，防止坑槽进水、土壤干裂或冻裂，挖出的土料要远离坑口堆放。

对贯穿坝体的横向裂缝，开挖时顺缝抽槽，先挖成梯形或阶梯形（每阶以 1.5m 高度为宜，回填时逐级消除阶梯，保持梯形断面），并沿裂缝方向每隔 5 ~ 6m 做一道结合槽，结合槽垂直裂缝方向，槽宽 1.5~2.0m，并注意新老土结合，以免造成集中渗流。

2. 处理方法

开挖的横断面形状应根据裂缝所在部位及特点的不同而不同。具体有以下几种：

（1）梯形揳入法。适用于裂缝不太深的非防渗部位，开挖时采用梯形断面或开挖成台阶形的坑槽。回填时削去台阶，保持梯形断面，便于新老土料紧密结合。

（2）梯形加盖法。适用于裂缝不太深的防渗斜墙和均质土坝迎水坡的裂缝，其开挖情形基本与梯形揳入法相同，只是上部因防渗的需要，适当扩大开挖范围。

（3）梯形十字法。适用于处理坝体和坝端的横向裂缝，开挖时除沿缝开挖直槽外，在垂直裂缝方向每隔一定距离（2~4m），加挖结合槽组成"十"字，为了施工安全，可在上游做挡水围堰。

3. 土料的回填

回填的土料要符合坝体土料的设计要求。对沉陷裂缝要选择塑性较大的土料，含水量大于最优含水量的 1%~2%。回填前，如果坝土料偏干，则应将表面湿润，土体过湿或冰冻，则应清除后再进行回填，便于新老土的接合。回填时应分层夯实，土层厚度以 0.1~0.2m 为宜。要特别注意坑槽边角处的夯实质量，要求压实厚度为填土厚度的 2/3。回填后，坝顶或坝坡应覆盖 30~50cm 的沙性土保护层。

对于缝宽大于 1cm，缝深超过 2m 的纵向裂缝需开挖回填处理。但应注意，如缝是由于不均匀沉降引起的，当坝体继续产生不均匀沉降时，应先把缝的位置记录下来，采用泥浆封口的临时措施，待沉降趋于稳定时，再开挖处理，因为这类缝在开挖回填处理中还会被破坏，故应采取必要的安全措施以防人身安全事故发生。当挖槽工作量大时，可采用打井机具沿缝挖井。小型土坝采用此方法比较切实可行，井的直径一般为120cm，两个井圈搭接 30cm，在具体施工中应先打单数井，回填坝体，之后打双数井，分层夯实。

（二）灌浆法

对于采用开挖回填法有困难，或危及坝坡稳定，或工程量较大的深层非滑动裂缝和内部裂缝，可采用灌浆法。灌浆法就是在裂缝部位用较低压力或浆液自重把浆液灌入坝体内，充填密实裂缝和孔隙，以达到加固坝体的目的。实验证明，合适的浆液对坝体中的裂缝、孔隙或洞穴均有良好的充填作用，同时在灌浆压力作用下对坝内土体有压密作用，使缝隙被压密或闭合。

灌浆的浆液应具有良好的灌入性、流动性、析水性、收缩性和稳定性，以保证良好的灌浆效果，并使浆液灌入后能迅速析水固结，收缩性小，与坝体紧密结合，具有足够的强度，并可避免因发生沉淀而堵塞裂缝入口及输浆管路。一般可采用纯黏土浆，制浆材料宜采用粉粒含量在50%～70%的黏性土，浆液配比按水与固体的重量比为 1∶1～1∶2。但在灌注浸润线以下部位的裂缝时宜采用黏土水泥混合浆液，浆液中水泥掺量为干料的 10%～30%，以加速浆液的凝固和提高早期强度。在灌注渗透流速较大部位的裂缝时，为了能及时堵塞通道，可掺入适量的沙、木屑、玻璃纤维等材料。

灌浆孔的布置应根据裂缝的分布和深度来决定，对坝体表面裂缝，每条裂缝上均应布孔，孔位宜布置在长裂缝的两端和转弯处、裂缝密集处、缝宽突变处及裂缝交错处，并注意与导渗或观测设备之间应有不小于 3m 的距离，以防止串浆。对于坝体内部裂缝，可根据裂缝的分布范围、裂缝的大小、灌浆压力和坝体的结构等综合考虑灌浆孔的布置，一般应在坝顶上游侧布置 1~2 排，必要时可增加排数；孔距可根据裂缝大小和灌浆压力来决定，一般为 3~6m。布孔时，孔距应逐渐加密。孔深应超过缝深 1~2m。

灌浆压力一定要控制适当，一般情况下，应首选重力灌浆和低压灌浆。

灌浆技术发展很快，近年来已广泛应用到土质堤坝除险加固及裂缝和渗漏的处理中。实践中已总结出 20 字的有效经验，即浆料选择"粉黏结合"，浆液浓度"先稀后浓"，孔序布置"先疏后密"，灌浆压力"有限控制"，灌浆次数"少灌多复"。

（三）开挖回填与灌浆相结合

此法适用于自表层延伸到坝体深处的裂缝，或水库水位较高、不易全部开挖回填的部位，或全部开挖回填有困难的裂缝。施工时对裂缝的上部采用开挖回填，裂缝的下部采用灌浆处理，一般是先开挖约 2~4m 深后立即回填。回填时预埋灌浆管，然后在回填面上进行灌浆。

第四节　土石坝的渗漏处理

　　土石坝的坝体和坝基，一般都具有一定的透水性。因此，水库在蓄水后出现渗漏现象总是不可避免的。对于不引起土体渗透破坏的渗漏通常称正常渗漏；相反，引起土体渗透破坏的渗漏称异常渗漏。正常渗漏的特征为渗漏量较小，水质清澈，不含土颗粒；异常渗漏的特征为渗流量较大、比较集中，水质混浊，透明度低。工程实践中需要处理的是异常渗漏，故本节只对异常渗漏进行介绍。

一、土石坝渗漏的种类和成因

　　按土石坝异常渗漏的部位可分为坝体渗漏、坝基渗漏、接触渗漏和绕坝渗漏。

（一）坝体渗漏

　　水库蓄水后，水将从土坝上游渗入坝体，并流向坝体下游，渗漏溢出点均在背水坡面，其溢出现象有散浸和集中渗漏两种。

　　散浸出现在背水坡上，最初渗漏部位的坡面呈现湿润状态，随着土体的饱和软化，在坡面上会出现细小的水滴和水流。散浸现象的特征为土湿而软，颜色变深，面积大，冒水泡，阳光照射有反光现象，有些地方青草丛生或坝坡面的草皮比其他地方旺盛。需进一步鉴别时，可用钢筋轻易插入，拔出钢筋时带有泥浆，散浸处坝坡水温比一般雨水温度低，且散浸处的测压管水位高。

集中渗漏是指渗水沿渗流通道、薄弱带或贯穿性裂缝呈集中水股形式流出，对坝体的危害较大。集中渗漏既会发生在坝体中，也可能发生在坝基中。

坝体渗漏的主要原因有以下几个方面：

1. 设计考虑不周

坝体过于单薄，边坡太陡，防渗体断面不足或下游反滤排水体设计不当，致使浸润线溢出点高于下游排水体；复式断面土坝的黏土防渗体与下游坝体之间缺乏良好的过渡层，使防渗体遭到破坏；埋于坝体的涵管，由于本身强度不够或涵管上部荷载分布不均，涵管分缝止水不当致使涵管断裂漏水，水流通过裂缝沿管壁或坝体薄弱部位流出；对下游可能出现的洪水倒灌没有采取防护措施，致使下游滤水体被淤塞失效。

2. 施工不按规程

土坝在分层、分段和分期填筑时，不按设计要求和施工规范、程序去做，土层铺填太厚，碾压不实；分散填筑时，土层厚薄不一，相邻两段的接合部分出现少压和漏压的松土层；没有根据施工季节采取相应的措施，在冬季施工中，对冻土层处理不彻底，把冻土块填在坝内，而雨季及晴天的土体含水量缺乏有效控制；填筑土料及排水体不按设计要求，随意取土，随意填筑，致使层间材料铺设错乱，造成上游防渗不牢，下游止水失效，使浸润线抬高，渗水从排水体上部逸出。

3. 其他方面的原因

由于白蚁、獾、蛇、鼠等动物在坝身打洞营巢，会造成坝体集中渗漏；由于地震等引起的坝体或防渗体的贯穿性横向裂缝也会造成坝体渗漏。

（二）坝基渗漏

上游水流通过坝基的透水层，从下游坝脚或坝脚以外覆盖层的薄弱部位溢出，造成坝后管涌、流土和沼泽化。

管涌是在土体渗透水压力的作用下，土体中的细颗粒在粗颗粒孔隙中被渗水推动和带出坝体以外的现象。

流土是土体表层所有颗粒同时被渗水顶托而移动流失的现象。流土开始时坝脚下土体隆起，出现泉眼，并进一步发展，土体隆起松动，最后整块土掀翻被抬起。管涌和流土都属于土体渗透破坏形式，在水库处于高水位时易发生。

坝基渗漏的主要原因有以下几个方面：

1. 勘测设计问题

坝址的地质勘探工作做得不够细致，地基结构没完全了解，致使设计未采取有效的防渗措施；坝前水平防渗铺盖的长度和厚度不足，垂直防渗深度未达到不透水层或未全部截断坝基渗水；黏土铺盖与强透水地基之间未铺设有效的过滤层或铺盖以下的土体为湿陷性黄土，不均匀沉陷大，使铺盖破坏而漏水；对天然铺盖了解不够清楚，薄弱部位未做补强处理。

2. 施工管理原因

水平铺盖或垂直防渗设施施工质量差，未达到设计要求；坝基或两岸岩基上部的风化层及破碎带未做处理，或截水槽未按要求放到新鲜基岩上；由于施工管理不善，在坝前任意挖坑取土，破坏了天然铺盖。

没有控制水库最低水位，使坝前黏土铺盖裸露暴晒而开裂，或不当的人类活动破坏了防渗设施；对坝后减压井、排水沟缺乏必要的维修，使其失去了排水减压的作用，导致下游逐渐沼泽化，甚至形成管涌；在坝后任意取土挖坑，缩短了渗径长度，影响地基渗透稳定。

（三）接触渗漏

接触渗漏是指渗水从坝体、坝基、岸坡的接触面或坝体与刚性建筑物的接触面通过，在坝后相应部位溢出。

接触渗漏的主要原因有以下几个方面：

（1）坝基底部基础清理不彻底；坝与地基接触面未做结合槽或结合槽尺寸过小；截水槽下游反滤层未达到要求，施工质量差。

（2）土石坝的两岸山坡没有很好地清基，与山坡的接合面过陡，坝体与山坡接合处回填土夯压不实；坝体防渗体与山坡接触面没有做必要的防止坝体沉陷和延长渗径处理。

（3）土石坝与混凝土建筑物接合处未做截水环、刺墙，防渗长度不够，施工回填夯压不实；坝下涵管分缝、止水不当，一旦出现不均匀沉陷，会造成涵管断裂漏水，产生集中渗流和接触冲刷。

（四）绕坝渗漏

绕坝渗漏是指渗水通过土坝两端山体的岩石裂缝、溶洞和生物洞穴及未挖除的岸坡堆积层等从山体下游岸坡溢出。

绕坝渗漏的主要原因有：两岸的山体岩石破碎，节理发育或有断层通过，而又未做处理或处理不彻底，山体较单薄，且有沙砾和卵石透水层；因施工取土或其他原因破坏了岸坡的天然防渗覆盖层，两岸的山体有溶洞以及生物洞穴或植物根系腐烂后形成的孔洞；等等。

二、土石坝渗漏检查及分析

（一）检查内容

检查内容主要包括坝体浸润线、渗流量和水质等。通过对上述内容的检查来分析判断是否存在异常渗漏，以便采取措施加以防护。

（二）异常渗漏的识别方法

1. 查看下游坝面是否有散浸现象

根据散浸特征来识别，有散浸说明浸润线抬高，溢出点高于排水设施的顶点，可能导致渗透破坏或滑坡。

2. 查看坝身、坝基或两岸山体中是否有集中渗流

根据集中渗流特征来识别，发现后要观测渗水量的变化情况和水的混浊程度。要注意观察水库水位上升期和高水位期。

3. 查看坝后渗水水质情况

是否带出红、黄的松软黏状铁质沉淀物，是否由清变浊，或下游坝脚后是否有地基表面翻水冒沙，这是产生管涌等渗透破坏的明显特征。

4. 查看渗流量和测压管水位是否有异常变化

若在相同水库水位时浸润线和渗流量没有变化，或渗流量有逐年减小的趋势，则属正常渗水。若渗流量随时间增大，或者水库水位达到某一高度后浸润线抬高和渗流量突然增大或突然减少和中断，超出正常变化规律，则是异常渗水的信号，应注意检查坝体上游面在该水位附近坝

体有无裂缝和孔洞、有无裂隙和断层及其他情况，并监测渗漏量的变化。

三、土石坝渗漏处理及加固措施

坝体发生渗漏后，应仔细检查观测，对资料进行分析、整理，找出渗漏原因，并根据具体情况，有针对性地采取相应的措施。处理土坝渗漏的原则是"上堵下排"或"上截下排"。在上游采取防渗措施，堵截渗漏途径；在下游采取导渗排水措施，将坝体内的渗水导出以增加渗透稳定和坝坡稳定。

（一）坝体渗漏处理

1. 斜墙法

斜墙法即在上游坝坡补做或加固原有防渗斜墙，堵截渗流，防止坝身渗漏。此法适用于大坝施工质量差，造成了严重管涌、管涌塌坑、斜墙被击穿、浸润线及溢出点抬高、坝身普遍渗水等情况。具体按照所用材料的不同，分为黏土斜墙、沥青混凝土斜墙及土工膜防渗斜墙。

（1）黏土斜墙。修筑黏土斜墙时，一般应放空水库，揭开护坡，铲去表土，再挖松 10~15cm，并清除坝身含水量过大的土体，然后填筑与原斜墙相同的黏土，分层夯实，使新旧土层结合良好。斜墙底部应修筑截水槽，深入坝基至相对不透水层。对黏土防渗斜墙的具体要求为：①所用土料的渗透系数应为坝身土料渗透系数的 1% 以下；②斜墙顶部厚度（垂直于斜墙坡面）应不小于 0.5~1m，底部厚度应根据土料允许水力坡降而定，一般不得小于作用水头的 1/10，最小不得少于 2m；③斜墙上游面应铺设保护层，用沙砾或非黏性土料自坝底铺到坝顶。厚度应大于当地冰冻层深度，一般为 1.5~2.0m。下游面通常按反滤要求铺设反滤层。

如果坝身渗漏不太严重，且主要是施工质量较差引起的，则不必另做新斜墙，只需降低水位，使渗漏部分全部露出水面，将原坝上游土料翻筑夯实即可。

当水库不能放空，无法补做新斜墙时，可采用水中抛土法处理，即用船载运黏土至漏水处，从水面均匀地投下，使黏土自由沉积在上游坝坡，从而堵塞渗漏孔道，不过效果没有填筑斜墙好。

对于坝体上游坡形成塌坑或漏水喇叭口，而在其他坝段质量尚好的情况下，可用黏土铺盖进行局部处理，注意在漏水口处预埋灌浆管，最后采用压力灌浆填充漏水孔道。

（2）沥青混凝土斜墙。在缺乏合适的黏土土料，而有一定数量的合适沥青材料时，可在上游坝坡加筑沥青混凝土斜墙。沥青混凝土几乎不透水，同时能适应坝体变形，不致开裂，抗震性能好，工程量小（因其厚度约为黏土斜墙厚度的 1/40~1/20），投资省，工期短。我国在修筑沥青混凝土斜墙方面已积累了相当丰富的经验，故近年来用沥青混凝土做斜墙处理坝身渗漏已受到广泛的重视。

（3）土工膜防渗斜墙。土工膜的基本原料是橡胶、沥青和塑料。当对土工膜有强度要求时，可将抗拉强度较高的锦纶布、尼龙布等作为加筋材料，与土工膜热压形成复合土工膜，成品土工膜的厚度一般为 0.5~3mm，它具有重量轻、运输量小、铺设方便的特点，而且具有柔性好，适应坝体变形，耐腐蚀，不怕鼠、獾、白蚁破坏等优点。土工膜防渗墙与其他材料防渗斜墙相比，其施工简便、设备少、易于操作、节省造价，而且施工质量容易保证。

土工膜与坝基、岸坡、涵洞的连接以及土工膜本身的接缝处理是提高整体防渗效果的关键。沿迎水坡坝面与坝基、岸坡接触边线开挖梯形沟槽，然后埋入土工膜，用黏土回填；土工膜与坝内输水涵管连接，可在涵管与土坝迎水坡相接段增加一个混凝土截水环，由于迎水坡面倾斜，可将土工膜用沥青粘在斜面上，然后回填保护层土料；土工膜本身的连接方式常有搭接、焊接、黏结等，其中焊接和黏结的防渗效果较好。

近年来，土工膜材料品种不断更新，应用领域逐渐扩大，施工工艺也越来越先进，已从低坝向高坝发展。

2. 灌浆法

均质土坝或心墙坝由于施工质量差，坝体渗漏严重，无法采用斜墙法或水中倒土法进行处理时，可从坝顶钻孔采用劈裂灌浆法或常规灌浆法进行处理，在坝内形成一道灌浆帷幕，阻断渗水通道。灌浆法的主要优点是水库不需要放空，可在正常运用条件下施工，工程量小、设备简单、技术要求不复杂、造价低、易于就地取材。适用于均质土坝或者心墙坝中较深的裂缝处理。具体施工方法及要求可参考施工技术等课程。

防渗墙法即用一定的机具，按照相应的方式造孔，然后在孔内填筑具体的防渗材料，最后在地基或坝体内形成一道防渗体，以达到防渗的目的。具体包括混凝土防渗墙、黏土防渗墙两种。此法可在不降低水库水位时施工，防渗效果比灌浆法更可靠。

3. 导渗法

上面几种均为坝身渗漏的"上堵"措施，目的是截流减渗，而导渗则为"下排"措施，主要针对已经进入坝体的渗水，通过改善和加强坝体排渗能力，使渗水在不致引起渗透破坏的条件下，安全通畅地排出坝外。按具体情况不同，可采用以下几种形式。

（1）导渗沟法。当坝体散浸不严重，不致引起坝坡失稳时，可在下游坝坡上采用导渗沟法处理。

（2）导渗砂槽法。对局部浸润线溢出点较高和坝坡渗漏较严重而坝坡又较缓，且具有褥垫式滤水设施的坝段，可用导渗砂槽处理。它具有较好的导渗性能，对降低坝体浸润线效果亦比较明显。

（3）导渗培厚法。当坝体散浸严重，出现大面积渗漏，渗水又在排水设施以上溢出，坝身单薄，坝坡较陡，且要求在处理坝面渗水的同时增加下游坝坡稳定性时，可采用导渗培厚法。

导渗培厚即在下游坝坡贴一层砂壳，再培厚坝身断面。这样，一可导渗排水，二可增加坝坡稳定。不过，需要注意新老排水设施的连接，确保排水设备有效和畅通，达到导渗培厚的目的。

（二）加固措施

1. 黏土截水槽

黏土截水槽是在透水地基中沿坝轴线方向开挖一条槽形断面的沟槽，槽内填以黏土夯实而成，是坝基防渗的可靠措施之一。尤其对于均质坝或斜墙坝，当不透水层埋置较浅（10~15m 以内）、坝身质量较好时，应优先考虑这一方案。不过，当不透水层埋置较深，而施工时又不便放空水库时，切忌采用，因为其施工排水困难，投资增大，不经济。

2. 混凝土防渗墙

如果覆盖层较厚，地基透水层较深，修建黏土截水槽困难大，则可考虑采用混凝土防渗墙。其优点是不必放空水库，施工速度快，节省材料，防渗效果好。

混凝土防渗墙即在透水地基中用冲击钻造孔，钻孔连续套接，孔内浇注混凝土，形成封闭防渗的墙体。其上部应插入坝内防渗体，下部和两侧应嵌入基岩。

3. 灌浆帷幕

所谓灌浆帷幕是在透水地基中每隔一定距离用钻机钻孔，孔深达基岩下 2~5m，然后在钻孔中用一定压力把浆液压入坝基透水层中，使浆液填充地基土中的孔隙，使之胶结成不透水的防渗帷幕。当坝基透水层厚度较大，修筑截水槽不经济；或透水层中有较大的漂石、孤石，修建防渗墙较困难时，可优先采用灌浆帷幕。另外，当坝基中局部地方进行防渗处理时，利用灌浆帷幕亦较灵活方便。

灌注的浆液一般有黏土浆、水泥浆、水泥黏土浆、化学灌浆等。在沙砾石地基中，多采用水泥黏土浆，其水泥含量为水泥黏土总重量的 10%~30%，浆液浓度范围多为干料：水＝1：1~1：3。最优配比可具体进行试验确定。对于沙土地基，切忌盲目采用黏土浆及水泥浆（因沙的过滤作用，会析出浆料颗粒阻塞浆路），而只有当沙砾的最小粒径在 4mm 以上时才能采用。对于中沙、细沙和粉沙层，可酌情采用化学灌浆，但其造价较高。

4. 砂浆板桩

砂浆板桩就是用人力或机械把 20~60 号的工字钢打入坝基内，一组

（7~10 根）由打桩机在前面打，一组由拔桩机在后面拔，"工"字钢腹板上焊一条直径 32mm 的灌浆管，在拔桩的同时开动泥浆泵，把水泥砂浆经灌浆管注入地基内，以充填"工"字钢拔出后所留下的孔隙。待工字钢全部拔出并灌浆后，整个坝基防渗砂浆板桩即告完成。

5. 高压定向喷射灌浆

所谓高压喷射灌浆是以置入地基的灌浆管上很小的喷嘴中，喷射出高压或超高压的高速喷流体，利用喷流体的高度集中、力量强大的动能冲击和切割土体，同时导入具有固化作用的浆液与冲切下来的土体就地混合。随着喷嘴的运动和浆液的凝固，在地基中形成质地均匀、连续密实的板墙或桩柱等固结体，达到防渗和加固地基的目的。

6. 黏土铺盖

黏土铺盖是常用的一种水平防渗措施，是利用黏土在坝上游地基面分层碾压而成的防渗层。其作用是覆盖渗漏部位，延长渗径，减小坝基渗透坡降，保证坝基稳定。特点是施工简单、造价低廉、易于群众性施工，但需在放空水库的情况下进行；同时，要求坝区附近有足够的合乎要求的土料。另外，采用铺盖防渗虽可以防止坝基渗透变形并减少渗漏量，但却不能完全杜绝渗漏。故黏土铺盖一般在不严格要求控制渗流量、地基各项渗透性比较均匀、透水地基较深，且坝体质量尚好，采用其他防渗措施不经济的情况下采用。

7. 排渗沟

排渗沟是坝基下游排渗的措施之一，常设在坝下游靠近坝趾处，且平行于坝轴线。其目的为：一方面有计划地收集坝身和坝基的渗水，排向下游，以免下游坡脚积水；另一方面当下游有不厚的弱透水层时，尚可利用排水沟排水减压。

对一般均质透水层的排水沟只需深入坝基 1~1.5m；对双层结构地基，且表层弱透水层不太厚时，应挖穿弱透水层，沟内按反滤材料设保护层；当弱透水层较厚时，不宜考虑其导渗减压作用。

在只起排渗作用时，排渗沟的断面，据渗流量确定；若兼起排水减压作用时，应做专门计算。

为了方便检查，排渗沟一般布置成明沟；但有时为防止地表水流入沟内造成淤塞，也可做成暗沟，但工程量较大。

8. 减压井

减压井是利用造孔机具，在坝趾下游坝基内，沿纵向每隔一定距离造孔，并使孔穿过弱透水层，深入强透水层一定深度而形成的。

减压井的结构是在钻孔内下入井管（包括导管、花管、沉淀管），管下端周围填以反滤料，上端接横向排水管与排水沟相连。这样可把地基深层的承压水导出地面，以降低浸润线，防止坝基渗透变形，避免下游地区沼泽化。当坝基弱透水层覆盖较厚，开挖排水沟不经济，而且施工也较困难时，可采用减压井。减压井是保证覆盖层较厚的沙砾石地基渗流稳定的重要措施。

第五章　水闸的养护与管理

第一节　概　述

一、水闸的组成和工作特点

（一）水闸的类型

水闸是一种利用闸门的开启和关闭来调节水位、控制流量的低水头水工建筑物，具有挡水和泄水的双重作用，它常与堤坝、船闸、鱼道、水电站、抽水站等建筑物组成水利枢纽，以满足防洪、灌溉、排涝、航运以及发电等水利工程的需要。

1. 按照水闸所承担的任务分类

（1）进水闸。建在河道、湖泊的岸边或渠道的渠首（灌溉渠系的进水闸又称渠首闸），用来引水灌溉、发电或满足其他用水需要。灌溉渠系中建于干渠以下各级渠道渠首的进水闸，其作用是把上一级渠道的水分进下一级渠道。位于下一级渠首的进水闸称分水闸，位于斗渠、农渠渠首的进水闸又称斗门、农门。

（2）节制闸。在河道或在渠道上建造，枯水期用以抬高水位，以满足上游取水和航运等要求，洪水期用以控制下泄流量，以保证下游河道安全。拦河建造的节制闸又称拦河闸，一般选择建造在河道顺直、河势相对稳定的河段。灌溉渠系中的节制闸一般建于支渠分水口的下游，用以抬高闸前水位，满足支渠引水时对水位的要求。

（3）冲沙闸。冲沙闸又称排沙闸，常建在多泥沙河道上引水枢纽或渠系中沉沙池的末端，也可设在引水渠内布置有节制闸的分水枢纽处，常与节制闸并排布置。用于排除进水闸、节制闸前河道或渠道中淤积的泥沙，减少引水水流中的含沙量。

（4）分洪闸。为了减轻洪水对江河下游的威胁，通常在泄洪能力不足的河段中上游河岸的适当位置建分洪闸，洪峰来临时开闸分泄一部分洪水进入湖泊、洼地等滞洪区。进入滞洪区的水，待外河水位回落时，再由排水闸流入原河道。

（5）排水闸。多修建在江河沿岸排水渠道末端，用以排除河道两岸低洼地区的积水。当外河上涨时，可以关闸防止洪水倒灌，避免洪灾；当外河水位回落时，开闸排水防止涝害。其特点是具有双向挡水的作用。

（6）挡潮闸。在河流入海的河口地段，为防止海水倒灌，常建有挡潮闸。挡潮闸还可用来抬高内河水位，满足蓄淡灌溉的需要。内河感潮河段两岸受涝时，可用其在退潮时排涝。建有通航孔的挡潮闸，可在平潮时开闸通航。

2. 按照闸室的结构形式分类

（1）开敞式水闸。水闸闸室上面没有填土，是开敞的。这种水闸又分为胸墙式和无胸墙式两种。当上游水位变幅较大而过闸流量又不是很大时，即挡水位高于泄水位时，可采用胸墙式，如进水闸、挡潮闸及排水闸等。有泄洪、通航、排冰等要求的水闸常采用无胸墙的开敞式水闸。

（2）涵洞式水闸。水闸修建在河（渠）堤之下，闸（洞）身上面填土封闭的则成为涵洞式水闸。它的适用条件基本上与胸墙式水闸相同。根据水力条件的不同，涵洞式水闸分为有压式和无压式两类。

3. 按照最大过闸流量分类

水闸按最大过闸流量分为：流量不小于 $5000m^3/s$ 的为大（1）型，流量 $5000 \sim 1000m^3/s$ 的为大（2）型，流量 $1000 \sim 100m^3/s$ 的为中型，流量 $100 \sim 20m^3/s$ 的为小（1）型，流量小于 $20m^3/s$ 的为小（2）型。

（二）水闸的组成

开敞式水闸由闸室段、上游连接段和下游连接段三部分组成。

1. 闸室段

闸室是水闸的主体，通常包括底板、闸墩、闸门、岸墙、工作桥及交通桥等。底板是闸室的基础，承受闸室的全部荷载，将荷载较均匀地传给地基，并利用底板与地基土之间的摩擦阻力来维持闸室的抗滑稳定性，同时还有防冲、防渗等作用。闸墩的作用是分隔闸孔，支承闸门和工作桥等上部结构。闸门的作用是挡水和控制下泄水流。工作桥供安置启闭机和工作人员操作之用。交通桥的作用是连接两岸交通。岸墙是闸室与河岸的连接结构，主要起挡土及侧向防冲、防渗等作用。

2. 上游连接段

主要作用是引导水流平顺地进入闸室，同时起防冲、防渗、挡土等作用，一般包括上游翼墙、铺盖、护底、护坡及上游防冲槽等部分。上游翼墙的作用是引导水流平顺进闸，并起挡土、防冲及侧向防渗作用。铺盖主要起防渗作用，并兼有防冲作用。护坡及护底的作用是保护河岸及河床不受冲刷。上游防冲槽主要是保护护底的头部，防止河床冲刷向护底方向发展。

3. 下游连接段

主要作用是将下泄水流平顺引入下游河道，具有消能、防冲、防止渗透破坏及扩散水流的功能。下游连接段包括消力池、海漫、下游防冲槽、下游翼墙及护坡等。消力池是消能的主要设施，具有防冲作用。海漫的作用是进一步消除水流余能、扩散水流、调整流速分布，以免河床受到冲刷。下游防冲槽是海漫末端的防冲设施，防止海漫下游河床的冲刷向上游发展。下游翼墙的作用是引导过闸水流均匀扩散，并保护两岸免受冲刷。在海漫和防冲槽范围内，两侧岸坡均应砌筑护坡，防止冲刷。

（三）水闸的工作特点

水闸可以修建在土基或岩基上，但多数建于软土地基上。地基条件差、作用水头低且变幅大是水闸工作条件比较复杂的两个主要原因。因而水闸具有许多不同于其他水工建筑物的工作特点，主要表现在抗滑稳定性、防渗、消能防冲和沉降等方面。

1. 易产生滑动失稳

水闸关门挡水时，水闸上、下游形成较大的水头差，造成较大的水平推力，使水闸有可能沿闸基产生向下游的滑动，为此，水闸必须具有足够的重力，以维持自身的稳定。

2. 容易产生渗透变形

由于上、下游水位差的作用，水将透过地基和两岸向下游产生渗流。渗流会引起水量损失，同时在渗流作用下，容易引起闸基及两岸土壤产生渗透变形，严重时闸基和两岸连接建筑物的地基土会被淘空，危及水闸安全。渗流对闸室和两岸连接建筑物的稳定不利。因此，水闸应采取合理的防渗排水措施，尽可能减小闸底渗透压力，防止闸基及两岸土体发生渗透变形，以保证闸的抗滑及抗渗稳定性。

3. 容易引起冲刷

水闸开闸泄水时，在上、下游水位差的作用下，过闸水流往往具有较大的流速及动能，流态也较复杂，而土质河床的抗冲能力较低，容易引起冲刷。另外，由于水闸在泄水时闸下游常出现波状水跃和折冲水流，会进一步加剧对河床和两岸的淘刷，因此，除了保证闸室具有足够的过水能力外，还必须采取有效的消能防冲措施，以减少或消除过闸水流对下游河床和岸坡的有害冲刷。

4. 容易产生较大的沉降

水闸建在松软土基上时，由于土的压缩性大，在闸室自重及其他荷载的作用下，往往会产生较大的沉降；当闸室基底压力分布不均匀或相邻结构的基底压力相差较大时，还会产生较大的不均匀沉陷。过大的地基沉降会影响水闸的正常使用，严重时会造成闸室的倾斜，甚至断裂。因此，水闸应具有合理的结构形式，合理的施工程序及地基处理措施，以减小地基的不均匀沉降。

二、水闸失事的原因

根据水闸的工作特点可以看出，引起水闸失事的原因通常是多方面的，主要破坏形式有地基不均匀沉陷引起的混凝土结构的断裂、地基土渗透变形引起的混凝土或浆砌石结构的破坏或失稳，闸门启闭机失灵、消能防冲效果不好引起的冲刷破坏等。

第二节　水闸的养护维修

水闸工程的土建部分与各种坝一样，由混凝土、浆砌石、土石料等构成，其土建部分的养护维修工作与坝体基本相同，不再重复。本节着重介绍与水闸自身特点有关的养护维修和操作运用工作。

一、水闸的操作运用

（一）闸门启闭前的准备工作

1. 严格执行启闭制度

（1）水闸的管理部门对闸门的启闭，要按照控制运用计划及主管部门的指示，由技术负责人确定闸门的运用方式和启闭顺序，按规定程序下达执行。管理部门对主管部门的指示应详细记录。

（2）操作人员接到启闭闸门的任务后，应迅速做好各项准备工作。

（3）如果闸门开启后，其泄流或水位变化对上、下游有危害或影响，必须事先通知有关单位，做好准备，以免造成不必要的损失。

2. 认真进行闸门启闭前的检查

水闸在启闭运用前对闸门、启闭设备、电气设备等有关部位进行的检查与日常维护的检查内容不同。日常维护检查是按养护修理规程进行维护，以保证设备处于正常使用状态；运用前的检查是为了水闸能够安全及时启闭，启闭设备及供电设备符合运行要求等，着重于安全运行方面的检查。

（1）检查上、下游管理范围和安全警戒区内有无船只、漂浮物或其他施工作业，并进行处理。

（2）观察上、下游水位和流态，核对流量与闸门开度。

（3）检查闸门启闭状态是否正常，有无杂物卡阻；门体有无歪斜，门槽是否堵塞。

（4）在寒冷地区，冬季启闭闸门前还应注意检查闸门的活动部分有无冻结现象。

（5）检查启闭闸门的电源或动力有无故障；电动机是否正常，相序是否正确；机电安全保护设施、仪表是否完好。

（6）机电转动设备、高速部位（如变速箱等）的润滑油是否符合要求。

（7）牵引设备是否正常。如钢丝绳有无锈蚀、断裂，螺杆等有无弯曲变形，吊点结合是否牢固。

（8）液压启闭机的油泵、阀、滤油器是否正常，油箱的油量是否充足，管道、油缸是否漏油等。

（二）闸门操作运用的原则

（1）工作闸门可以在动水情况下启闭，船闸的工作闸门应在静水情况下启闭。

（2）检修闸门一般在静水情况下启闭。

（三）闸门的操作运用

1. 闸门操作运行要求

（1）过闸流量应与上、下游水位相适应，使水跃发生在消力池内。可根据实测的闸下水位—流量关系图表进行操作。

（2）过闸水流应平稳，避免发生集中水流、折冲水流、回流、漩涡等不良流态。

（3）关闸或减少过闸流量时，避免下游河道水位消落过快。

（4）开闸或关闸过程中，避免闸门停留在发生振动的位置。

（5）涵洞式水闸闸门运行时，应避免洞内长时间处于明满流交替状态。

2. 多孔水闸的闸门运行规定

（1）按设计要求或运行操作规程进行启闭，没有专门规定的应同时均匀启闭，不能同时启闭的，应由中间孔向两侧依次对称开启，由两侧向中间孔依次对称关闭。

（2）多孔挡潮闸闸下河道淤积严重时，可开启单孔或少数孔闸门进行适度冲淤，同时加强观测，防止消能防冲设施遭受损坏。

（3）双层孔口或上、下扉布置的闸门，应先开启底层或下扉的闸门，再开启上层或上扉的闸门，关闭时顺序相反。

3. 闸门操作规定

（1）按操作程序，由持有上岗证的人员进行操作。

（2）电动、手摇两用启闭机人工操作前，应先断开电源；闭门时严禁松开制动器使闸门自由下落；闸门操作结束时，应立即取下摇柄或断开离合器。

（3）有锁定装置的闸门，启闭闸门前应先打开锁定装置。

（4）两台启闭机启闭一扇闸门的，应严格控制保持同步。

（5）闸门启闭过程中如发现超载、卡阻、倾斜、杂音等异常情况，应及时停车检查并处理。

（6）液压启闭机启闭闸门到达预定位置，压力仍然升高时，应控制油压。

（7）闸门开启接近最大开度或关闭接近闸底时，应注意及时停车，卷扬启闭机可采用点按关停，螺杆启闭机可采用手动关停；遇有闸门关闭不严现象时，应查明原因并进行处理，螺杆启闭机严禁强行顶压。

闸门运用应填写工作日志，应记录下列内容：启闭依据、操作时间、操作人员、启闭顺序、闸门开度及历时、启闭机运行状态、上下游水位、流量、流态、异常或事故处理情况等。

采用自动监控的水闸，应按照设定程序进行操作，并保留操作记录。

二、水闸的养护维修

养护是指对水闸工程经常性的保养，使其保持工程完好、设备完整清洁、操作灵活。水闸的维修一般指经常性修复和年度修复（岁修），不涉及除险加固及改（扩）建工程施工，有时根据项目的复杂以及紧急程度，称大修和抢险。大修是指技术水平较高、工程量较大的维修工程，有时可以列入加固范畴；抢险是指紧急防汛期或突然发生的建筑物险情、设备（设施）故障或损坏时立即进行的维修。

由于水工建筑物养护与维修的界限不易分清，一般把不影响建筑物安全的局部破损修复列为养护工作的内容。对于多孔水闸，局部修复累计工程量较大或技术复杂、养护工作无力安排的项目可列入维修。

（一）水闸维修养护的一般规定

（1）水闸工程的维修养护应坚持"经常养护，及时维修，养修并重"的原则，对检查发现的缺陷和问题，应随时进行保养和局部维修，以保证工程及设备处于良好状态。

（2）水闸工程的维修养护按工作内容和费用可分为养护和维修。

（3）水闸工程维修应遵循下列程序：检查评估、编报维修方案（或设计文件）、实施、验收。

（4）工程出现险情时，应按预案组织抢修。在抢修的同时报上级主管部门，可组织专家会商论证抢修方案。

（5）水闸工程维修项目验收合格后，应将有关资料归档。

（二）混凝土及砌石工程的养护

对于水闸中的混凝土及砌石工程的养护要做到以下几点：

（1）应经常保持建筑物表面清洁完整，无积水、无杂物。

（2）应及时清理、疏通建筑物或部（构）件的排水沟、排水孔，保持排水畅通。

（3）应及时修复建筑物局部破损。

（4）应及时打捞、清理闸前积存的漂浮物。

（5）寒冷地区，应经常检查并修复防冻胀设施。

（三）防渗、排水设施及永久缝维修养护

（1）铺盖出现局部冲蚀、冻胀损坏，应及时修补。

（2）消力池、护坦上的排水井（沟、孔）或翼墙、护坡上的排水管应保持畅通，反滤层淤塞或失效的，应重新补设排水井（沟、孔、管）。

（3）永久缝填充物老化、脱落、流失，应及时充填封堵。沥青井的井口（出流管、盖板等）应经常保养，并按规定加热、补灌沥青。永久缝处理应按其所处部位、原止水材料以及承压水头选用相应的修补方法。

（四）水闸地基及两岸防护工程维修养护

（1）岩基上的水闸要防止基岩或基础与基岩接触面发生渗漏，如有渗漏，一般采用灌浆的方法进行处理。

（2）土基上的水闸要注意防止下游渗流出口段渗透坡降不能超过允许值，否则应采取延长渗径以降低渗透坡降或提高地基出口允许溢出坡降等措施。

（3）软土地基上的水闸，要注意加强结构刚度及地基加固等措施，防止最大沉降量或相邻部位的最大沉降差超过允许值。

（4）水闸基础下有液化土层或有潜在液化危险的部位，可采取基础灌浆、板桩围封等措施进行控制。

（5）水闸两岸要注意在高水位一侧采取有效的防渗措施，低水位一侧采取排水措施防止发生侧向绕渗。

（6）挡土墙出现墙身倾斜、滑动迹象，或经过验算抗滑稳定性不满足要求时，要采取措施进行控制及处理。

（五）闸门的维修养护

1. 闸门门叶的维修养护

门叶是闸门的主体，要求门叶不锈不漏。要注意有无门叶变形、杆件弯曲或断裂及气蚀等病害，发现问题应及时处理。

（1）要经常清理面板、梁系及支臂，以保持清洁。

（2）要经常检查各部位构件连接螺栓，以保证其处于完好、紧固、配齐状态，出现腐蚀要及时处理。

（3）闸门运行中发生振动时，要采取有效措施消除或减轻。

（4）闸门门叶构件不能有变形、强度及刚度不够的现象，如果存在这些现象，要及时更换或补强。

（5）要经常检查门叶的焊缝，如有开裂，要及时补焊。

（6）要经常检查防冰冻构件，使其处于良好状态。

2. 闸门行走支承装置的维修养护

行走支承装置是闸门升降时的主要活动和支承部件。行走支承装置常因维护不善而引起不正常现象，如滚轮锈死，由滚动摩擦变为滑动摩擦；压合胶木滑块变形，增大摩擦系数等。行走支承装置的养护工作，除防止压合胶木滑块劈裂变形及表面保持一定光滑度外，主要是加强润滑和防锈，需注意以下几点：

（1）要定期清理行走支承装置，保持清洁。

（2）要经常拆卸清洗滚轮、支铰轴部位，更换新油，以防油孔、油槽聚集油污堵塞等。

（3）轴销、轮轴、滚轮、滑块等易磨损部件要及时修补或更换，以满足闸门运行要求。

3. 闸门吊耳、吊杆及锁定装置的维修养护

（1）定期清理维护吊耳、吊杆及锁定装置，保证其不变形、无裂纹、无开焊。

（2）吊耳、吊杆及锁定装置的轴销、连接螺栓、受力拉板或撑板有裂纹、磨损或腐蚀量超过 10%时应更换。

4. 闸门止水装置的维修养护

止水装置要保证不漏水，及时清理缠绕在水封上的杂草、冰凌或其他障碍物，及时拧紧或更换松动锈蚀的螺栓，主要注意以下几点：

（1）要保持止水橡胶带处于正常使用状态。如有变形、磨损，应及时调整修复。由于止水橡胶带磨损、变形或老化严重，门后水流散射或设计水头下渗漏量超过 0.2L／（s·m）时应更换。

（2）潜孔闸门顶止水翻卷或撕裂的，应采取措施消除和修复。

（3）止水压板有变形时，要及时矫正或更换。

（4）橡胶带水封要做好防老化措施，如涂防老化涂料；木水封要做好防腐处理；金属水封要做好防锈蚀工作；等等。

（5）水润滑管路、阀门等损坏的，可修理或更换。冬季应将水润滑管路排空，防止冻坏。

5. 闸门埋件的维修养护

（1）要定期清理门槽，保持清洁。

（2）埋件局部变形、脱落的，局部更换。埋件破损面积超过 30%时，应全部更换。

（3）止水座板出现蚀坑时，可涂刷树脂基材料或喷镀不锈钢材料整平。

6. 钢闸门的防腐要求

采用喷涂涂料保护的钢闸门，出现下列情况应进行修补或重新防腐，所用涂料宜与原涂料性能配套：

（1）防腐蚀涂层裂纹深达金属基面，或裂纹较深、面积达 10% 以上。

（2）生锈鼓包的锈点面积超过 2%。

（3）脱落、起皮面积超过 1%。

（4）粉化，以手指轻擦涂抹，沾满颜料，或手指轻擦即露底。

（5）喷涂金属层的蚀余厚度不足原设计厚度的 1/4、表面保护涂层老化的，应重新涂装。

（6）采用涂膜—牺牲阳极联合保护的钢闸门，如保护电位不合格时，可重焊、更换或增补牺牲阳极。

（六）启闭机的维修养护

启闭机的动力部分应保证有足够容量的电源和良好的供电质量；应保持电动机外壳无灰尘污物，以利散热；应经常检查接线盒压线螺栓是否松动、烧伤；等等。主要注意以下几个方面。

1. 卷扬式启闭机维修养护

（1）定期清理启闭机表面，连接件应牢固。

（2）保持制动器灵活、可靠，定期清洗、补油、换油。

（3）钢丝绳定期清理并涂脂保护，钢丝绳固定部件应紧固、可靠，双吊点启闭机钢丝绳两吊轴高差不能超标。

（4）钢丝绳断丝数、直径、拉力超过允许值时需更换；缠绕在卷筒上的预绕圈数应符合设计要求。

（5）保持滑轮组润滑、清洁，无裂纹、破伤、磨损，钢丝绳无卡阻、偏磨。

（6）应保持机架焊缝不出现裂纹、脱焊、假焊；启闭机机架（门架）、无机房的启闭机护罩，定期进行防腐蚀处理。

2. 液压启闭机维修养护

（1）经常检查油箱油位，保持在允许范围内；吸油管和回油管口保持在油面以下。

（2）液压管路出现焊缝脱落、管壁裂纹，液压系统有滴、冒、漏现象时应及时修理或更换有关部件。

（3）活塞环、油封出现断裂，失去弹性、变形或磨损严重，空气干燥器、液压油过滤器部件失效等应及时更换。

3. 螺杆式启闭机维修养护

（1）定期清理螺杆并涂脂保护。

（2）螺杆的直线度超过允许值时，应校正调直并检修推力轴承；修复螺杆螺纹擦伤，及时更换厚度磨损超限的螺杆螺纹。

（3）承重螺母螺纹破碎、裂纹及螺纹厚度磨损超过允许值时，保持架变形、滚道磨损点蚀、滚体磨损的推力轴承均应及时更换。

（七）电气设备的维修养护

变压器、高低压配电设施、闸门启闭机运行控制系统、柴油发电机组、防雷接地设施、水闸预警系统、防汛决策支持系统、办公自动化系统及自动化设施、照明系统、通信、监控及其他设施等应定期检查，保持其完好，使其处于可用状态；不满足要求的应及时修复或更换。

第三节　水闸病害的处理

水闸在运用过程中，常见的病害有裂缝、渗漏、冲刷、磨损及空蚀等。水闸病害的处理和其他建筑物一样，首先根据损坏的部位和现象，分析破坏的原因，采取有效的措施改变或消除引起破坏的因素，对破坏的部位进行处理。

一、水闸的裂缝与处理

水闸混凝土裂缝的处理，需要考虑裂缝所处的部位及环境，按裂缝深度、宽度及结构的工作性能，选择相应的修补材料和施工工艺，在低温季节裂缝开度较大时进行修补。

（1）表层裂缝宽度小于最大裂缝宽度允许值时，可不予处理；如有防止裂缝拓展和内部钢筋锈蚀的必要，可采用表面喷涂料封闭保护。

（2）表层裂缝宽度大于最大裂缝宽度允许值时，为防止裂缝拓展和内部钢筋锈蚀，宜采用表面粘贴片材或玻璃丝布、开槽充填弹性树脂基砂浆或弹性嵌缝材料进行处理。

（3）深层裂缝和贯穿性裂缝，为恢复结构的整体性，宜采用灌浆补强加固处理。

（4）影响建筑物整体受力的裂缝以及因超载或强度不足而开裂的部

位，可采用粘贴钢板或碳纤维布、增加断面、施加预应力等方法补强加固。

（5）渗（漏）水的裂缝，应先堵漏，再修补。

（一）闸底板和胸墙的裂缝与处理

实际工程中的水闸底板和胸墙刚度通常较小，适应地基变形的能力较差，很容易受地基不均匀沉陷的影响引起裂缝。另外，由于混凝土强度不足、温差过大或施工质量差等因素影响，也容易引起水闸底板和胸墙裂缝。

由于地基不均匀沉陷引起的裂缝，在裂缝修补前，首先应采取措施对地基进行处理，增加地基的稳定性。提高地基稳定性的方法：一种是卸载，即减小水闸某些结构的重量，如将墙后填土的边墩改为空箱结构，或拆除增设的交通桥，等等。这种方法适用于有条件进行卸载的水闸。另一种方法是加固地基，常用的方法是对地基进行补强灌浆，提高地基的承载能力。对于因混凝土强度不足或因施工质量差而产生的裂缝，主要应对结构进行补强处理。

水闸混凝土和浆砌石结构裂缝的处理可参考有关混凝土及浆砌石坝裂缝的处理。

（二）翼墙和浆砌石护坡的裂缝与处理

翼墙产生裂缝主要是由于地基不均匀沉陷或墙后排水设备失效所引起的。由于不均匀沉陷而产生的裂缝，首先应采取减载措施稳定地基，然后再对裂缝进行修补处理。如果裂缝是因墙后排水设备失效所引起的，首先应修复排水设施，再修补裂缝。浆砌石护坡裂缝通常是由于填土不实造成的，严重时应进行翻修。

（三）护坦的裂缝与处理

护坦裂缝产生的主要原因是地基土被渗流淘刷流失而导致的不均匀沉陷引起，另外就是温度应力过大和底部排水失效等引起。因地基不均匀沉陷产生的裂缝，可加固地基或待地基稳定后，在该裂缝上设止水，将裂缝改为沉陷缝。温度裂缝可采取补强措施进行修补，底部排水失效，应先修复排水设备，再对裂缝进行处理。

（四）钢筋混凝土的顺筋裂缝与处理

钢筋混凝土的顺筋裂缝是沿海地区挡潮闸普遍存在的一种病害。顺筋裂缝可使混凝土脱落、钢筋锈蚀，使结构强度过早地丧失。顺筋裂缝产生的原因是海水渗入混凝土后，降低了混凝土的碱度，破坏了钢筋表面的氧化膜，导致海水直接接触钢筋而产生电化学反应，使钢筋锈蚀。锈蚀引起的体积膨胀致使混凝土顺筋开裂。

顺筋裂缝的修补过程一般为：沿缝凿除保护层，再将钢筋周围的混凝土凿除 2cm；对钢筋彻底除锈并清洗干净；在钢筋表面涂上一层环氧基液，在混凝土修补面上涂一层环氧胶，再填筑修补材料。

顺筋裂缝的修补材料应具有抗硫酸盐、抗碳化、抗渗、抗冲、强度高、凝聚力大等特性。常用的有铁铝酸盐早强水泥砂浆及混凝土、抗硫酸盐水泥砂浆及细石混凝土、聚合物水泥砂浆及混凝土和树脂砂浆及混凝土等。

（五）闸墩及工作桥的裂缝与处理

水闸使用时间较长时，闸墩及工作桥往往会出现许多细小裂缝，严重时混凝土老化剥离，其主要原因是混凝土碳化。混凝土碳化是指空气中的二氧化碳与混凝土内部游离的氢氧化钙反应生成碳酸钙和水，使混凝土的碱度降低，钢筋表面的氢氧化钙保护膜被破坏，使混凝土失去对钢筋的保护作用，钢筋开始生锈，混凝土膨胀形成裂缝，严重的还会造成混凝土疏松、脱落。

处理这种病害应对锈蚀钢筋除锈，锈蚀面积大的加设新钢筋，采用预缩砂浆并掺入阻锈剂进行加固。混凝土的碳化，在各种类型混凝土建筑物中都会存在。混凝土碳化的原因有很多，提高混凝土抗碳化能力的措施也是多方面的。可根据建筑物所处的地理位置、周围环境，选择合适的水泥品种，具有抗酸性的骨料，适宜的配合比，适量的外加剂，高质量的原材料，科学地搅拌和运输，及时地养护以及采取环氧基液涂层保护等工艺手段防止混凝土碳化。

二、消能防冲设施的破坏及处理

水闸消能防冲设施的破坏有很多原因引起，概括起来有设计、施工、管理等方面，如外形尺寸设计不合理、消能效果不好，地基处理方法不当或施工质量不好，泄水时不按要求控制等都会引起水闸消能防冲设施的破坏。在处理时，要先分析查找引起破坏的原因，有针对性地采取相应的措施和方法修理和改善水流条件，防止再次破坏。

（一）护坦和海漫的冲刷破坏与处理

护坦和海漫常因单宽流量大而发生冲刷破坏。对护坦因抗冲能力差而引起的冲刷破坏，可进行局部补强处理，必要时可增设一层钢筋混凝土防护层，以提高护坦的抗冲能力。为防止因海漫破坏引起护坦基础被淘空，可在护坦末端增设一道钢筋混凝土防冲齿墙。

岩基上的水闸，可采用挑流消能的方式，在护坦末端设置鼻坎，将水流挑至距离闸室较远处，以保证护坦及闸室的安全。

对于软基上的水闸，在护坦的末端设置尾槛可减小出池水流的底部流速和能量，减轻水流对海漫的冲刷，防止海漫基础被淘空而引起破坏。

土工织物作为排水反滤材料，已在闸坝等水利工程中得到广泛应用。它具有抗拉强度高，整体性好，重量轻，耐久性好，储运方便，质地柔软，具有排水、防冲、加筋土体等功能，施工简单、速度快、施工质量容易控制，造价低等优点。应用较多的土工织物有涤纶、锦纶、丙纶等。由于合成类型、制造方法不同，各种织物在力学和水力性质方面有很大的差异。根据制造方法的不同，土工织物可分为纺织型和非纺织型两种。

在选择土工织物时，对土工织物的物理特性、力学特性、水力学特性及耐久性等都要详细了解，并且通过质量检测合格才可以使用。

（二）下游河道及岸坡的破坏与处理

当下游水深不够，消力池内不能发生淹没式水跃，下泄水流会冲出较远，引起河床的冲刷；上游河道的流态不良使过闸水流的主流偏斜引起折冲水流，冲刷岸坡；水闸下游翼墙扩散角设计不当产生立轴旋涡等都会引起河道及岸坡的冲刷。

河床冲刷破坏的处理可采用与海漫冲刷破坏大致相同的处理方法。处理河岸冲刷措施可根据产生的原因确定，如在过闸水流主流偏向的一侧修导水墙或丁坝，也可以通过改善翼墙扩散角或加强运用管理等方式解决。

近年来，土工织物在护岸工程中也得到广泛应用，特别是模袋混凝土在护坡工程中应用较多。模袋混凝土可以直接在水下施工，无须修筑围堰及施工排水；模袋混凝土灌注结束，就能经受较大流速的冲刷。模袋采用双层聚合化纤合成材料织成，厚度大，强度高。混凝土或水泥砂浆依靠压力在模袋内充胀成形，固化后形成高强度抗侵蚀的护坡。土壤和模袋之间无须另设反滤层。

三、水闸渗漏的处理

水闸的渗漏，按产生的部位可分为结构本身渗漏、闸基渗漏和侧向绕渗等。处理的原则为高防低排，即高水位一侧设置防渗设施拦截渗流或延长渗径，低水位一侧采取排水措施，排出渗流，降低渗透压力，减小渗透变形。这是防渗与排水相结合的方法。

（一）结构本身渗漏的处理

由混凝土结构裂缝引起的渗漏，可采用表面涂抹、表面贴补、凿槽嵌补、喷浆修补等表面处理措施，也可采用灌浆的方法进行内部处理。影响建筑物整体性或结构强度的渗水裂缝，除了内部处理外，还应采取结构补强措施进行处理。闸身结构缝损坏引起渗漏时，应掏出缝内的堵塞物或老化沥青，然后补做橡胶带止水或金属片止水，具体方法同混凝土坝结构缝的处理。若结构缝内仅填有沥青止水，因为沥青老化或缺少沥青而漏水时，可加热补灌沥青。

1. 充填弹性树脂基砂浆或弹性嵌缝材料用于混凝土裂缝处理

对于充填弹性树脂基砂浆或弹性嵌缝材料用于混凝土裂缝处理时，

修补施工应符合下列要求：

（1）沿缝凿成上口宽、槽深为 50～70mm 的"V"形槽，槽长应超过缝端 150mm，清除缝内杂物并清洗干净。

（2）如裂缝有渗（漏）水，应先用快速止水砂浆堵漏。

（3）在槽两侧面涂刷胶黏剂，再在槽内充填弹性树脂基砂浆或弹性嵌缝材料。

（4）回填聚合物水泥砂浆与原混凝土面齐平。

2. 嵌填嵌缝材料用于水闸永久缝渗漏处理

采用嵌填嵌缝材料用于水闸永久缝渗漏处理时，修补施工应符合下列要求：

（1）在迎水面沿缝凿成上口宽、深为 50～60mm 的"V"形槽，清除缝内杂物及失效的止水材料并清洗干净。

（2）缝宽大于 10mm 时，缝内填塞沥青麻丝；缝宽不大于 10mm 时，缝口放置木条或塑料条等隔离物。

（3）在槽两侧面涂刷胶黏剂，再在槽内嵌填橡胶类、沥青基类、树脂类弹性嵌缝材料。

（4）回填弹性树脂砂浆与原混凝土面齐平。

3. 锚固橡胶或金属片材用于混凝土永久缝处理

采用锚固橡胶或金属片材用于混凝土永久缝处理时，修补施工应符合下列要求：

（1）止水材料可选用橡胶带、紫铜片、不锈钢等片材；局部修补时，应做好止水材料的衔接。

（2）在迎水面沿永久缝两侧等宽度凿槽，总宽 400mm 左右，槽深 70~80mm。

（3）沿缝两侧各打一排螺栓孔，冲洗干净，并预埋锚栓。

（4）清除缝内杂物，嵌填沥青麻丝（如缝窄，缝口放置塑料或木棒等隔离物）。

（5）安装橡胶垫条并在其间骑缝填充弹性密封材料（橡胶类、沥青基类、树脂类均可）。

（6）安装止水片材（橡胶、紫铜、不锈钢等）在锚栓上，安装钢压条，拧上螺帽压紧。

（7）在槽内回填弹性树脂砂浆与原混凝土面齐平。

（8）不具备凿槽条件的永久缝，只沿缝凿成上口宽、深为 40~50mm 的小槽，最后用聚合物水泥砂浆覆盖封闭，其他同开槽施工。

（二）闸基渗漏的处理

闸基渗漏通常引起渗透变形，直接影响到闸室的稳定。对于闸基渗漏首先要分析渗漏原因，查清渗水来源，采取有效措施进行处理。工程中常用的措施有以下几种：

1. 延长或加厚铺盖

如原铺盖防渗效果不好、损坏严重，应将这些部位铺盖挖除，重新回填翻新，加长、加厚铺盖，以提高防渗能力。

2. 及时修补止水

如铺盖与闸底板、翼墙之间，岸墙与边墩之间等连接部位的止水损坏，要及时进行修补，以确保整个防渗体系的完整性。

3. 封堵渗漏通道

底板、铺盖与地基间的空隙是常见的渗漏通道，常会引起渗透变形导致闸室失稳，一般可采用水泥灌浆予以堵闭。

4. 增设或加厚防渗帷幕

建在岩基上的水闸，如基础裂隙发育或较破碎，可在闸底板首端增设防渗帷幕，若原有帷幕，应设法加厚。

（三）侧向绕渗的处理

当上游边坡防渗设施和接缝止水不可靠而被破坏时，通常上游水会穿过上游边坡，绕过刺墙，通过墙后填土渗到下游，渗流在土体中产生较大的渗透压力和渗透变形，引起下游边坡产生损坏，甚至造成翼墙倒塌等事故。

对于水闸侧向绕渗处理的原则同样是"上截下排"。水闸运行中可采用的防渗措施很多，如经常维护岸墙、翼墙及接缝止水，确保其防渗效果良好；对于防渗结构被破坏的部位，采用开挖回填、彻底翻修的方法；若原来没有刺墙的，可考虑增设刺墙，但要严格控制施工质量；接缝止水损坏的，应补做止水；等等。

四、空蚀及磨损的处理

建在多泥沙河流上的水闸，不可避免地会出现磨损现象。如果是由于设计原因而引起闸室底板、护坦的磨损，可对水闸结构进行改进。例如，有的水闸因护坦上设置了消力墩而引起立轴旋涡，旋涡夹带砂石长时间在一定范围旋转，使护坦磨损，严重时会磨穿护坦，在这种情况下可废弃消力墩，将尾槛改成斜面或流线型，使池内沙石随水流顺势带向下游，减轻对护坦的磨损。

对于结构难以改变的部位（如闸室底板），可采用抗蚀性能好的材料进行护面或修补，也能收到很好的效果。磨损的修补材料较多，如环氧材料、高标号混凝土等，可根据具体部位、磨损状况，参考已建工程的经验确定。

五、软土地基管涌、流土的处理

建在软土地基上的水闸，通常由于地基土颗粒细小，在渗流作用下地基土体易发生管涌、流土等渗透变形，极易造成消能管的沉陷破坏，严重的会断裂冲毁。引起这种破坏的主要原因是防渗排水效果不好，渗径长度不足或下游反滤失效。因此，除对沉陷破坏的部位进行修复外，还应采取防止地基发生管涌与流土的措施。首先是加强防渗，加长或加厚上游黏土铺盖；由于上游铺盖破坏引起渗径长度不够的还应挖除重新修筑，加深或增设截水墙，加大防渗长度。其次是加强排水反滤，在结构物下设置合理的反滤层等，做到有效排水滤土，防止渗透变形发生。

六、闸门的防腐处理

（一）钢闸门的防腐处理

钢闸门常在水中或干湿交替的环境中工作，极易发生腐蚀，加速其损坏，引起事故。为了延长钢闸门的使用年限，保证安全运用，必须经常予以维护。

钢铁的腐蚀一般分为化学腐蚀和电化学腐蚀两类。钢铁与氧气或非电解质溶液发生化学作用而产生的腐蚀，称化学腐蚀；钢铁与水或电解质溶液接触形成微小腐蚀电池而引起的腐蚀，称电化学腐蚀。钢闸门的腐蚀多属电化学腐蚀。

钢闸门防腐蚀措施主要有涂料保护和电化学保护。涂料保护是在钢闸门表面涂上覆盖层，利用密闭性涂料在钢闸门表面形成薄膜，使金属与水、空气隔开。电化学保护是设法供给适当的保护电能，使钢结构表面积聚足够的电子，成为一个整体阴极而得到保护。钢闸门通常是两种措施联合使用进行保护的。

钢闸门防腐，首先必须进行表面预处理，即清除钢闸门表面的氧化皮、铁锈、焊渣、油污、旧漆及其他污物。经过处理的钢闸门要求表面无油脂、无污物、无灰尘、无锈蚀、表面干燥、无失效的旧漆等。

表面处理所要求达到的程度通常用两项指标来衡量；一是表面光洁度，二是表面粗糙度。

目前，钢闸门表面处理方法有人工处理、火焰处理、化学处理和喷砂处理等。

人工处理是靠人工铲除锈和旧漆，此法工艺简单，无须大型设备，但劳动强度大、工效低、质量较差。该方法适用于局部处理和无法借助其他方式进行处理的情况。

火焰处理是对旧漆和油脂有机物，借燃烧使之碳化而清除。对氧化皮是利用加热后金属母体与氧化皮及铁锈间的热膨胀系数不同而使氧化皮崩裂、铁锈脱落。处理用的燃料一般为氧-乙炔焰。此种方法设备简单，清理费用较低，质量比人工处理好。

化学处理是利用碱液或有机溶剂与旧漆层发生反应来除漆，利用无机酸与钢铁的锈蚀产物进行化学反应清理铁锈。除旧漆可利用纯碱石灰溶液（纯碱：生石灰：水＝1：1.5：1）或其他有机脱漆剂。除锈可用无机酸与添加料配制的除锈药膏。化学处理劳动强度低，工效较高，质量较好。

喷砂处理方法较多，常见的干喷砂除锈除漆法是用压缩空气驱动砂粒通过专用的喷嘴以较高的速度冲到金属表面，依靠砂粒的冲击和摩擦以除锈、除漆。此种方法工效高、质量好，但工艺较复杂，需专用设备。

1. 涂料保护

涂料涂装于物体表面，结成具有保护、装饰和特种功能的薄膜材料，它不仅包括油漆，还包括其他涂料。涂料保护是最古老的防腐方法，至今仍被广泛采用。涂料保护层可以把钢铁和电解质溶液及空气隔离开来，阻止腐蚀的发生与发展。

涂料可分为底漆和面漆两种，两者相辅相成。底漆主要起防锈作用，应有良好的附着力，漆膜封闭性强，使水和氧气不易渗入。面漆的作用主要是保护底漆，并有一定的装饰作用，应具有良好的耐蚀、耐水、耐油、耐污等性能。同时，还应考虑涂料与被覆材料的适应性，注意产品的配套性，包括涂料与被覆材料表面配套、涂料层间配套、涂料与施工方法配套、涂料与辅助材料（稀释剂、固化剂、催干剂等）配套。实际施工中要根据实际情况，选择适宜的涂料，提高施工质量，才能保证防腐效果。如有些钢闸门由于涂料选择不当，经防腐处理后，有效保护期仅为1~2年。

涂料保护施工方法一般有刷涂和喷涂两种。刷涂是用漆刷将油漆涂刷到钢闸门表面。该方法工具设备简单，适宜于构造复杂、位置狭小的工作面。

喷涂是利用压缩空气将漆料通过喷嘴喷成雾状而覆盖在金属表面上，形成保护层。喷涂工艺的优点是工效高、喷漆均匀、施工方便，适用于大面积施工。喷涂施工需具备喷枪、储漆罐、空压机、滤清器、皮管等设备。

涂料一般应涂刷3~4遍，涂料保护的时间一般为10~15年。

2. 喷镀保护

喷镀保护是在钢闸门上喷镀一层锌、铝等活泼金属，使钢铁与外界隔离，从而得到保护。同时，还起到牺牲阳极（锌、铝）、保护阴极（钢闸门）的作用。喷镀有电喷镀和气喷镀两种。水工钢闸门及其他钢结构多采用气喷镀。

气喷镀所需设备主要有压缩空气系统、乙炔系统、喷射系统等。常用的金属材料有锌丝和铝丝，一般采用锌丝。

气喷镀的工作原理为：金属丝经过喷枪传动装置以适宜的速度通过喷嘴，由乙炔系统热熔后，借压缩空气的作用，把雾化成半熔融状态的微粒喷射到部件表面，形成一层金属保护层。

3. 外加电流阴极保护与涂料保护相结合保护直流电源

外加电流阴极保护是电化学防腐蚀措施的一种。具体做法是将钢闸门与另一辅助电极（如废旧钢铁等）作为电解池的两个极，以辅助电极为阳极、钢闸门为阴极，在两者之间接上一个直流电源，通过水形成回路，在电流作用下，阳极的辅助材料发生氧化反应而被消耗，阴极发生还原反应得到保护。当系统通电后，阴极表面就开始得到电源送来的电子，除一部分被水中还原物质吸收外，大部分将积聚在阴极表面上，使阴极表面电位越来越低。电位越低，保护效率就越高。当钢闸门在水中的表面电位达到 $-850mV$ 时，钢闸门基本不生锈，这个电位值被称为最小保护电位。在钢闸门上采用外加电流阴极保护时，需消耗大量保护电流。为了节约用电，可采用与涂料一并使用的联合保护措施。

（二）钢丝网水泥闸门的防腐处理

钢丝网水泥闸门是由若干层重叠的钢丝网、浇筑高强度等级水泥砂浆而成的，具有重量轻、造价低、便于预制、弹性好、强度高、抗震性能好等优点。完好无损的钢丝网水泥结构，其钢丝网与钢筋被氢氧化钙等碱性物质包围着，钢丝与钢筋在氢氧化钙的碱性作用下生成氢氧化铁保护膜保护网、筋，防止了网、筋的锈蚀。因此，对钢丝网水泥闸门必须使砂浆保护层完整无损。要达到这个要求，一般采用涂料保护。

钢丝网水泥闸门在涂防腐涂料前必须进行表面处理，一般可采用酸洗处理，使砂浆表面达到洁净、干燥、轻度毛糙的要求。

常用的防腐涂料有环氧材料、聚苯乙烯、氯丁橡胶沥青漆及生漆等。为保证涂抹质量，一般需涂 2~3 层。

（三）木闸门的防腐处理

在水利工程中，一些中小型工程常用木闸门。木闸门在阴暗潮湿或干湿交替的环境中工作，易于霉烂和虫蛀，因此也需进行防腐处理。

木闸门常用的防腐剂有氟化钠、硼铬合剂、硼酚合剂、铜铬合剂等，用于毒杀微生物与菌类，达到防止木材腐蚀的目的。施工方法有涂刷法、浸泡法、热浸法等。处理前应将木材烤干，使防腐剂容易吸附和渗入木材体内。

　　木闸门通过防腐剂处理以后，为了彻底封闭木材空隙，隔绝木材与外界的接触，常在木闸门表面涂上油性调和漆、生桐油、沥青等，以杜绝腐蚀的发生。

第六章 溢洪道的养护与管理

第一节 概 述

溢洪道是水库枢纽中的主要建筑物之一。它承担着宣泄洪水，保护工程安全的重要作用。

溢洪道可以与拦河坝相结合，做成既能挡水又能泄水的溢流坝式；也可以在坝体以外的河岸上修建溢洪道。当拦河坝的坝形适于坝顶溢流时，采用溢流坝式是经济合理的；当拦河坝是土石坝时，几乎都采用河岸溢洪道；在薄拱坝或轻型支墩坝的水库枢纽中，当水头高、流量大时，也以河岸溢洪道为主；在重力坝的水库枢纽中，河谷狭窄、布置溢流坝和坝后电站有矛盾，而河岸又有适于修建溢洪道的条件时，一般也考虑修建河岸溢洪道。因此，河岸溢洪道的应用比较广泛。

一、河岸溢洪道的类型及特点

由于正槽溢洪道和侧槽溢洪道的整个流程是完全开敞的，故又称为开敞式溢洪道。井式溢洪道和虹吸式溢洪道称为封闭式溢洪道。另外，还有非常溢洪道。

（一）正槽式溢洪道

正槽式溢洪道的泄水槽与堰上水流方向一致，水流平顺，超泄能力大，结构简单，运行安全可靠，是一种采用最多的溢洪道形式。通常所称的河岸溢洪道即指这种溢洪道，适用于各种水头和流量，当枢纽附近有适宜的马鞍形垭口和有利的地质条件时，采用这种溢洪道最为合理。

（二）侧槽式溢洪道

侧槽式溢洪道的特点是水流过堰后约转 90°弯经泄水槽流入下游，因此水流在侧槽中的紊动和撞击都很强烈，且距坝头较近，直接关系到大坝的安全。侧槽溢洪道适用于坝址两岸地势较高，岸坡较陡的中小型水库。

（三）井式溢洪道

井式溢洪道由进水喇叭口、渐变段、竖井和泄水隧洞等部分组成。进水喇叭口是一个环形的溢流堰，水流过堰后，经竖井和泄水隧洞流入下游。泄水隧洞可利用施工导流隧洞，使溢洪道的造价大为降低。井式溢洪道适用于岸坡较陡峻、地质条件好、地形条件适宜的情况。缺点是水流条件复杂，超泄能力小，我国应用较少。

（四）虹吸式溢洪道

虹吸式溢洪道是由具有虹吸作用的曲管和淹没在上游水位以下的进口（又称遮檐）所组成。在水库正常高水位以上设有通气孔，当上游水位超过正常高水位时，淹没通气孔，水流溢过曲管顶部经挑流坎下泄，虹吸作用发生而自动泄水。当水库水位下降至通气孔以下时，由于进入空气，虹吸作用自动停止。这种溢洪道的优点是可灵敏地自动调节水位，缺点是构造复杂，超泄能力较小，且易堵塞，管内易空蚀，应用较少。

（五）非常溢洪道

在一些重要的水库中，除平时运用的正常溢洪道之外，还有非常溢洪道。它是一种保坝的重要措施，仅在发生特大洪水，正常溢洪道宣泄不及致使水库水位将要漫顶时才启用。最常用的是自溃式非常溢洪道。

自溃式非常溢洪道有漫顶溢流自溃式和引冲自溃式两种形式。

漫顶溢流自溃式由自溃坝（或堤）、溢流堰和泄槽组成。自溃坝布置在溢流堰顶面，坝体浸水自溃后可露出溢流堰顶面，下泄流量由溢流堰控制。自溃坝平时起挡水作用，当水库水位达到一定的高程浸水时应能迅速溃坝泄洪。为此，坝体材料宜选择无黏性细砂土，压实标准不高，易被水流漫顶冲溃。当溢流前缘较长时，可设隔墙将自溃坝分隔为若干段，各段坝顶高程应有差异，形成分级分段启用的布置方式，以满足库区出现不同频率稀遇洪水的泄洪要求。

二、正槽式溢洪道的组成及各部分作用

正槽式溢洪道一般由引水渠、溢流堰（控制段）、泄水槽（陡槽段）、消能设施及尾水渠五部分组成。

（一）引水渠

引水渠的作用是将水库的水平顺地引至溢流堰前。

引水渠在平面上最好布置成直线。进口做成喇叭形，使水流逐渐收缩。末端接近溢流堰处，应做渐变过渡段，防止在堰前出现涡流及横向

坡降，影响过水能力。渐变段由堰前导水墙形成，导水墙长度可取堰上水头的5~6倍。墙顶应高出最高水位。

受地形、地质条件限制，引水渠必须转弯时，弯曲半径应不小于渠底宽的4~6倍，并力求在堰前有一直线段以保证堰流为正向进水。

引水渠的长度应尽量缩短，如能使溢流堰直接面临水库，就不需要引水渠，堰前只做一个喇叭形进口即可。

引水渠的横断面应有足够大的尺寸，以降低流速，减小水头损失。一般渠内流速控制在1~2m/s以内，最大不宜超过4m/s。

引水渠的两侧边坡，根据稳定坡度确定，两侧最好做衬砌，以减小糙率和防止冲刷。

引水渠的纵断面应做成平底或底坡度不大的反坡。当溢流堰为实用堰时，渠底在溢流堰处宜低于堰顶0.5倍堰顶设计水头。

（二）溢流堰

溢流堰是溢洪道的咽喉，作用是控制水库的水位和下泄流量，所以又称为控制堰或控制段。溢流堰的位置是溢洪道纵断面的最高点。在平面上常设于坝轴线附近以利于坝上交通的布置。

在溢洪道上常用的溢流堰的堰型为宽顶堰、实用堰。

（三）泄水槽

泄水槽是开敞式溢洪道的一个重要组成部分，它的布置是否合理，关系到能否使水流安全泄往下游。泄水槽的特点是坡陡、流急。槽内水流的流速高、紊动剧烈、惯性力大，对边界条件的变化非常敏感。如果边墙稍有偏折，就要引起冲击波，对下游消能不利。如槽壁不平整时，极易产生空蚀破坏。

泄水槽在平面上应尽量等宽、直线、对称布置，尽量避免转弯或变断面，以使水流平顺。但有时为节省开挖方量，常在泄水槽首端设收缩段，末端设置扩散段。有时由于地形、地质条件的原因，必须设置弯曲段。无论是收缩段、扩散段或弯曲段，都必须有适宜的轮廓尺寸。

泄水槽的纵坡，通常根据地形、地质条件确定。为使水流平顺和便于施工，坡度变化不宜太多。坡度由陡变缓，泄水槽极易遭到动水压力的破坏，应尽量避免。如果采用由陡变缓的连接形式时，应在变坡处用反弧连接，反弧半径应不小于 8~10 倍的水深。当坡度由缓变陡时，应在变坡点处用抛物线连接，以免产生负压。

泄水槽的横断面应尽可能做成矩形并加衬砌。当地基为坚硬岩基时，可考虑不衬砌。土基上的泄水槽可以做成梯形，但边坡不宜太缓，以免水流外溢。泄水槽的衬砌必须光滑平整、止水可靠、排水畅通、坚固耐用。

岩基上的中小型工程，可用浆砌条石或块石衬砌；大中型工程和土基上的泄水槽通常采用混凝土衬砌。

泄水槽的衬砌上应设伸缩缝将衬砌分为块状，以防裂缝的产生。岩基上伸缩缝的间距一般采用 6~12m，土基上可采用间距 15m 或更大。伸缩缝内做止水，防止高速水流钻入底板，将底板掀起。伸缩缝应做成搭接式或榫槽式。

（四）消能设施和尾水渠

溢洪道消能设施的消能方式主要有两种：一种是底流消能，适用于地质条件较差或溢洪道出口距坝较近的情况；另一种是挑流消能，适用于较好的岩基或挑流冲刷坑不影响建筑物安全时，这是溢洪道中应用较多的一种形式。

挑流坎的结构形式一般有两种：一种是重力；另一种是衬砌式。后者适用于坚硬完整的岩基上，并用锚筋与岩石连接起来。

尾水渠是将经过消能后的水流，比较平稳地泄入原河道。它是利用天然的山冲或河沟，必要时加以适当的整理。当地形条件良好时，尾水渠可能很短，甚至在消能后直接进入原河道。布置尾水渠时，应尽量做到短、直，并尽量少占农田。尾水渠的底坡应尽量接近于下游原河道的平均底坡。

第二节　溢洪道的检查与养护

一、溢洪道的检查观测

（一）溢洪道检查的内容

溢洪道的检查包括以下内容：

（1）引水渠有无坍塌、崩岸、淤堵或其他阻水现象；流态是否正常。

（2）内外侧边坡有无冲刷、开裂、崩塌及滑移迹象，护面及支护结构有无变形、裂缝及错位。岸坡地下水露头有无异常，表面排水设施和排水孔工作是否正常。

（3）堰顶或闸室、闸墩、胸墙、边墙、溢流面、底板有无裂缝、渗水、剥落、冲刷、磨损、空蚀等现象；伸缩缝、排水孔是否完好。

（4）消能工有无冲刷、磨损、淘刷或砂石、杂物堆积等现象，下游河床及岸坡有无异常冲刷、淤积和波浪冲击破坏等情况。

（5）工作桥是否有不均匀沉陷、裂缝、断裂等现象。

（6）闸门有无变形、裂纹、脱焊、锈蚀及损坏现象；门槽有无卡堵、气蚀等情况；启闭是否灵活；开度指示器是否清晰、准确；止水设施是否完好；吊点结构是否牢固；栏杆、螺杆等有无锈蚀、裂缝、弯曲等现象。钢丝绳或节链有无锈蚀、断丝等现象。

（7）启闭机能否正常工作；制动、限位设备是否准确有效；电源、传动、润滑等系统是否正常；启闭是否灵活可靠；备用电源及手动启闭是否可靠。

（二）溢洪道检查的方法和要求

1. 检查方法

（1）常规检查方法主要为眼看、耳听、手摸、鼻嗅、脚踩等直观方法，或辅以锤、钎、钢卷尺、放大镜等简单工具器材，对工程表面和异常现象进行检查。对安装了视频监控系统的溢洪道，可利用视频图像辅助检查。

（2）特殊检查方法可采用开挖探坑（或槽）、探井、钻孔取样或孔内电视、向孔内注水试验，投放化学试剂、潜水员探摸或水下电视、水下摄影或录像等方法，对工程内部、水下部位或基础进行检查。在有条件的地方。可采用水下多波束等设备对库底淤积、岸坡崩塌堆积体等进行检查。

2. 检查要求

（1）日常巡视检查人员应相对稳定，检查时应带好必要的辅助工具和记录笔、簿以及照相机、录像机等设备。

（2）汛期高水位情况下进行巡查时，宜由数人列队进行拉网式检查，防止疏漏。

（3）年度巡视检查和特别巡视检查，均应制订详细的检查计划并做好以下准备工作：安排好水库调度，为检查输水、泄水建筑物或进行水下检查创造条件；做好电力安排，为检查工作提供必要的动力和照明；排干检查部位的积水，清除检查部位的堆积物；安装或搭设临时交通设施，便于检查人员行动和接近检查部位；采取安全防范措施，确保检查工作、设备及人身安全；准备好工具、设备、车辆或船只，以及量测、记录、绘草图、照相机、录像机等。

（三）泄水建筑物的水力学观测

泄水建筑物的水力学观测包括压强、流速、流量、水面线、消能、冲刷、振动、通气、掺气、空化空蚀、泄洪雾化等项目的观测。

1. 压强

压强观测分为时均压强观测与脉动压强观测，当泄水建筑物进出口水位差超过 $80 \sim 100m$ 时，应进行压强观测。压强观测点应能反映过水表面压强分布特征，宜布置在以下部位：

（1）闸孔中线，闸墩两侧和下游。

（2）溢流堰的堰顶、下游反弧及下切点附近以及相应位置的边墙等处。

（3）过水边界不平顺及突变等部位，如闸门门槽下游边壁、挑流鼻坎、消力墩侧壁等。

（4）水舌冲击区、高速水流区及掺气空腔等。

观测方法：一般时均压强可用测压管、压力表进行测量；瞬时压强及脉动压强可采用压力传感器测量。

压强观测时，应同时记录工程的运行情况，如水位、闸门开度、流量等，并分析各物理量之间的相关关系。

2. 流速

流速观测点的布置应根据水流流态、掺气及消能冲刷等情况确定。宜布置在建筑物进水口、挑流鼻坎末端、反弧段、溢流坝面、渠槽底部、局部突变处、下游回流及上下游航道等部位。

流速可采用浮标、流速仪、毕托管等进行观测。

（1）浮标测速法适于观测水流表面流速。

浮标的修正系数应事先确定。观测浮标的方法有目测法、普通摄影法、连续摄影法、高速摄影法，以及经纬仪立体摄影法和经纬仪交会测量法等。

（2）流速仪测速法应符合以下规定：

①当流速不超过7m/s时，可采用超声波流速仪或超声波流速剖面仪进行测量。②当流速较低时，可采用旋杯式和旋桨式流速仪进行测量。③毕托管测速法系通过测量传感器的动水压强和静水压强之差来测量流速。

3. 流量

在需要对过水建筑物的流量进行复核时，应进行流量观测。流量的测量方法应根据建筑物特点、尺寸、水头、流量、量测精度和现场条件等因素确定。

4. 水面线

水面线观测包括溢洪道水面、挑流水舌轨迹线及水跃波动水面等内容，有以下几种观测方法：

（1）溢洪道水面线可用直角坐标网格法、水尺法或摄影法测量。

（2）挑流水舌轨迹线可用经纬仪测量水舌出射角、入射角、水舌厚度，可用立体摄影测量平面扩散等。

（3）水跃长度及平面形态可在两岸布设若干水位计或水尺进行测量，也可采用摄像或照相的方式记录。

（4）水位波动较大的部位，宜沿程布置一定数量的波高仪，以正确反映过水建筑物在运行期间水位变化的过程和特性。

5. 消能

消能观测的内容包括水流形态的测量和消能率的计算。分析消能率时，应在下游河段水流相对平稳的地方设置断面，根据测量断面的水位和流量，推求消能率。

6. 冲刷

冲刷观测的重点应为溢流面、闸门下游底板、侧墙、消力池、辅助消能工、消力戽及泄水建筑物下游尾水渠和护坦底板等处，观测有无冲刷破坏。水上部分可直接目测和量测；水下部分采用抽干检查法、测深法、压气沉柜检测法及水下电视检查法等。

局部冲刷观测应测定冲坑位置、深度、形态及范围。

7. 振动

泄水时易导致振动的部位，如闸门段、导墙、溢流厂房顶部面板等应进行振动观测。振动观测主要分为动力特性观测和振动响应观测两类。

振动测点应布置在能够反映结构整体和主要部件（或位置）动态响应的位置上，如闸门结构的主纵梁、主横梁和面板等。

振动观测仪器主要有加速度计、速度传感器、位移传感器、力传感器、应变片和信号放大器等。

8. 通气

通气主要观测的内容应包括泄水管道的工作闸门、事故闸门、检修闸门、掺气槽坎、泄洪洞的补气洞，及水电引水管道的快速闸门下游等处通气管道的通气情况。

通气量可根据测量断面的平均风速计算确定。通气风速可采用毕托管法、风速仪法进行测量。

9. 掺气

掺气观测的内容分为水流表面自然掺气及掺气设施的强迫掺气。自然掺气的观测内容为沿程水深的变化和掺气浓度分布。设有掺气设施的泄水建筑物的掺气观测内容为掺气空腔内的负压、掺气坎后掺气空腔的长度、水舌落点附近的冲击压强和沿程底部水流掺气浓度分布。

掺气浓度观测断面宜布置在掺气设施后的空腔末端及其下游，其数量可根据水流条件、掺气设施的形式和尺寸等条件确定。在进行掺气浓度观测时，应同时进行水位、流量、流速、压力等观测。

10. 空化空蚀

空化观测的主要内容为空化噪声和分离区的动水压强。当泄水建筑物具备下列条件之一时应进行空化观测：

（1）水流流速大于 30m/s，最小水流空化数不大于 0.3。

（2）设置有新型掺气减蚀设施或新型消能工。

（3）过流边界和水流特性发生突变的部位。

空化测点应布置在可能发生空化水流的空化源附近。泄水建筑物的闸门槽、反弧段、扩散段、分岔口、差动式挑坎、辅助消能工等对水流有扰动的部位，也是空化观测的重点。

保证空化源与空化噪声测点之间的传声通道畅通，避免气流隔离空化源与空化噪声测点。

空化现象可用水下噪声测试仪观测。

对可能发生空化水流的泄水建筑物应进行空蚀观测。空蚀观测的主要内容有空蚀部位、空蚀坑的平面形状及特征尺寸、空蚀坑最大深度。

空蚀破坏可用目测、摄影、拓模等计量。

11. 泄洪雾化

在溢洪道下游两岸岸坡、开关站、高压电线出线处、发电厂房等受泄洪雾化影响的部位应布置测点，进行雾化观测。

泄洪雾化可用雨量计等进行测量。

二、溢洪道的养护

溢洪道的安全泄洪是确保水库安全的关键。对大多软水库的溢洪道，泄水机会并不多，宣泄大流量的机会则更少，有的几年或十几年才遇上一次。但由于大洪水出现的随机性，溢洪道要做好每年过大洪水的准备，这就要求我们把工作的重点放在日常养护上，确保溢洪道能正常工作。

（1）检查水库的集水面积、库容、地形地质条件和水、沙量等规划设计基本资料，按设计要求的防洪标准，验算溢洪道的过流尺寸。当过流尺寸不满足要求时，应采取各种措施予以解决。

（2）检查开挖断面尺寸，检查溢洪道的宽度和深度是否达到设计标准；观测汛期过水时是否达到设计的过水能力，每年汛后检查观测各组成部分有无淤积或坍塌堵塞现象；还应注意检查拦鱼栅和交通桥等建筑物对溢洪道过水能力的影响等。通过检查，如果发现问题应及时采取措施进行处理。

（3）应经常检查溢洪道建筑物结构完好情况，经常检查溢洪道的闸墩、底板、胸墙、消力池等结构有无裂缝及渗水现象，陡坡段底板有无被冲刷、淘空、气蚀等现象，发现问题应及时采取措施处理。

（4）应注意检查溢洪道消能效果。溢洪道消能效果的好坏，关系到工程的安全。消力池消能应注意观察水跃产生情况。挑流消能要注意观察鼻坎挑流的水流是否冲刷坝脚，产生的冲刷坑深度是否有继续扩大。

（5）做好控制闸门的日常养护，确保闸门正常工作。

（6）严禁在溢洪道周围爆破、取土、修建无关建筑。注意清除溢洪道周围的漂浮物及影响溢洪道泄洪的杂物，禁止在溢洪道上堆放重物。

第三节　溢洪道的病害处理

一、溢洪道的病害及处理

溢洪道建筑物通常采用混凝土结构，其结构物的破坏原因很多。这里重点介绍溢洪道因高速水流引起的病害及处理方法。对于其他原因引起的破坏，可根据破坏的原因，采用前面所讲的有关措施和方法加以处理。

（一）动水压力引起的底板掀起及处理

溢洪道在泄水时，由于坡陡流急，陡槽段的高速水流不仅冲击陡槽段的边墙，造成边墙冲毁，威胁溢洪道本身的安全。而且由于泄槽段内流速大，流态混乱，再加上底板不平整，止水不良，高速水流钻到底板以下而又不能及时排除，就会造成上下压差，底板在脉动和压差的作用下掀起破坏。

（二）弯道水流的影响及处理

有些溢洪道因受地形、地质条件的限制，泄槽段陡坡必须建在弯道上，如果弯道轮廓尺寸或弯道渠底横向比降不合理，高速水流进入弯道，水流因受惯性力和离心力的作用，互相折冲撞击，形成冲击波，使弯道外侧水位明显高于内侧，形成横向高差，弯道半径越小、流速越大，则横向水面坡降也越大。有的工程由此产生水流漫过翼墙顶面，使墙后填土受到冲刷、翼墙向外倾倒，有的甚至被冲走，出现更为严重的事故。

减小弯道水流影响的措施一般有两种：一是将弯道外侧的渠底抬高，使泄水槽有横向坡度，水体经过时产生横向的重力分力，与弯道水流的离心力相平衡，从而减小边墙对水流的影响；二是在进弯道处设置分流隔墩，使集中的水面横向比降由分流隔墩分散。

（三）地基土淘空破坏及处理

当泄水槽底板下面为软基时，由于底板接缝处地基土被高速水流引起的负压吸空，或者板下排水管周围的反滤层失效，土壤颗粒随水流经排水管排出，均容易引起地基被淘空，造成底板断裂等破坏。对这种破坏的处理，首先应做好接缝处反滤，并增设止水。对于排水管周围的反滤层失效引起的地基土被淘空，应对排水管周围的反滤层重新翻修，以满足排水滤土的要求。

（四）排水系统失效的处理

泄水槽段底板下设置排水系统是消除浮（托）力、渗透压力的有效措施。排水系统能否正常工作，在很大程度上决定底板是否安全可靠。

排水系统失效一般需翻修重做。

（五）泄水槽底板下滑的处理

泄水槽底板可能因摩擦系数小、底板下扬压力大、底板自重轻等原因，在高速水流拖拽作用下向下滑动。为防止土基上的底板向下滑动，可在每块底板端部做一段横向齿墙。若底板自重不够，可在板下设置钢筋混凝土桩，即在底板上钻孔，并深入地基 1~2m，然后浇筑钢筋混凝土成桩，并使桩顶与底板连接。岩基上的底板，自重较轻，可用锚筋加固。锚筋可用 20mm 以上的粗钢筋，埋入深度 1~2m，上端应很好地嵌固在底板内。

（六）气蚀的处理

泄水槽段气蚀产生的主要原因是边界条件不好所引起的，如底板、翼墙表面不平整，弯道不符合流线形状，底板纵坡由缓变陡时处理不合理等均容易产生气蚀。对气蚀的处理，一方面可通过改善边界条件，尽量防止气蚀产生；另一方面需对产生气蚀的部位进行修补。

许多管理单位总结了水利工程中的经验教训，把在高速水流下保证底板结构安全的措施归结为四个方面，即"封、排、压、光"。"封"要求截断渗流，用防渗帷幕、齿墙、止水等防渗措施隔离渗流；"排"要做好排水系统，将未截住的渗流妥善排出；"压"利用底板自重压住浮托力和脉动压力，使其不漂起；"光"要求底板表面光滑平整，彻底清除施工时残留的钢筋头等不平整因素。以上四个方面是相辅相成、互相配合的。

二、溢洪道泄洪能力不足的主要原因

溢洪道泄洪能力不足，是导致很多水库垮坝的一个重要原因。根据《全国水库垮坝登记册》的统计，在垮坝的总数中，漫坝占51.5%，其中因泄洪能力不足，漫坝失事的占42%。造成溢洪道泄洪能力不足的主要原因有以下几个方面：

（1）原始资料不可靠。有的水库集雨面积的计算值远小于实际来水面积；有的水库降雨资料不准，与实际不符；有的水库容积关系曲线不对，实际的库容比设计的小等。

（2）水库的设计防洪标准偏低，设计洪水偏小。

（3）溢洪道开挖断面不足，未达到设计要求的宽度和高程等。

（4）溢洪道控制段前出现淤积及设置拦鱼设施等碍洪设施。

（5）在计算中未考虑溢洪道控制段前较长引水渠的水头损失。

三、加大溢洪道泄洪能力的措施

溢洪道的泄洪能力主要取决于控制段。因溢洪道控制段的大多水流是堰流，因此根据堰流公式分析溢洪道的泄洪能力，要加大溢洪道泄洪能力，可采取以下措施：

（一）加高大坝

通过加高大坝，抬高上游水位，增大堰顶水头。这种措施应以满足大坝本身安全和经济合理为前提。

（二）改建和增设溢洪道

通过改建溢洪道可增大溢洪道的泄洪能力，具体措施如下：

1. 降低溢洪道底板高程

这种方法会降低水库效益。但如果降低溢洪道底板高程不多就能满足泄洪能力时，在降低的高度上设置简易闸，在洪水来临前将闸门移走，保证泄洪；洪水后期，关闭闸门，使库水回升，可避免或减小水库效益的降低。

2. 加宽溢洪道

当溢洪道岸坡不高，加宽溢洪道所需开挖量不很大时，可以采用。

3. 采用流量系数较大的堰坎

不同堰型的流量系数不同，同种堰型的形状不同，流量系数也不一样。宽顶堰的流量系数一般为 0.32~0.385，实用堰的流量系数一般为 0.42~0.44。因此，当所需增加的泄洪能力的幅度不大，加宽或增建溢洪道有困难时，在条件允许的情况下，可将宽顶堰改为流量系数较大的曲线形实用堰，以增大泄洪能力。

4. 增大侧向收缩系数

侧向收缩系数的大小和闸墩与边墩墩头的平面形状有直接关系，改善闸墩和边墩的头部平面形状如将半圆形改为流线型，可提高侧向收缩系数，从而增加泄洪能力。

在有条件的情况下，也可增设新的溢洪道。

5. 加强溢洪道日常管理

减小闸前泥沙淤积，及时清除拦鱼等妨碍泄洪的设施，可增加溢洪道的泄洪能力。

参考文献

［1］ 杜守建,周长勇．水利工程技术管理［M］．郑州:黄河水利出版社,2012.

［2］ 田明武,李娜．水利工程管理［M］．北京:中国水利水电出版社,2013.

［3］ 郑万勇,杨振华．水工建筑物［M］．郑州:黄河水利出版社,2003.

［4］ 梅孝威．水利工程管理［M］．北京:中国水利水电出版社,2013.

［5］ 陈良堤．水利工程管理［M］．北京:中国水利水电出版社,2006.

［6］ 胡昱玲,毕守一．水工建筑物监测与维护［M］．北京:中国水利水电出版社,2010.